高等职业教育新形态一体化教材

3D 打印技术应用专业系列规划教材

工学结合、校企合作系列教材

逆向工程与三维检测技术

Nixiang Gongcheng yu Sanwei Jiance Jishu

张建军　王建新　主　编

侯雯卉　阎金刚　副主编

U0343558

高等教育出版社·北京

内容提要

　　本书是高等职业教育机械设计制造类新形态一体化教材，选取企业真实案例，按照全国职业院校技能大赛"工业产品数字化设计与制造"赛项流程及企业产品数字化研发工作流程编写。

　　本书项目载体的选择由浅入深、从简到繁、先易后难。每个项目都是按照数据采集、点云处理、逆向建模、三维检测流程编排，将必需够用的理论知识融合到教、学、做一体化的学习项目中。通过项目化的学习，能够独立完成工业产品的逆向设计及检测，为后续学习专业技术和职业生涯发展奠定基础。

　　本书适用于高等职业院校增材制造技术方向的教学，同时也可作为从事三维逆向工程工作及相关应用领域工程技术人员的参考用书。

　　本书重点/难点的知识点/技能点配有微课等丰富的数字化资源，视频类资源可通过扫描书中二维码在线观看。授课教师如需要本书配套的教学课件等资源或其他需求，可发送邮件至邮箱 gzjx@ pub. hep. cn 联系索取。

图书在版编目（ＣＩＰ）数据

　　逆向工程与三维检测技术／张建军，王建新主编
. --北京 ：高等教育出版社，2020.9
　　ISBN 978-7-04-053488-7

　　Ⅰ.①逆… Ⅱ.①张… ②王… Ⅲ.①工业产品-设计-高等职业教育-教材 Ⅳ.①TB472

　　中国版本图书馆 CIP 数据核字（2020）第 023701 号

策划编辑　吴睿韬	责任编辑　吴睿韬	封面设计　王　鹏	版式设计　于　婕
插图绘制　邓　超	责任校对　李大鹏	责任印制　刁　毅	

出版发行　高等教育出版社	网　　址	http://www.hep.edu.cn
社　址　北京市西城区德外大街 4 号		http://www.hep.com.cn
邮政编码　100120	网上订购	http://www.hepmall.com.cn
印　刷　天津嘉恒印务有限公司		http://www.hepmall.com
开　本　787mm×1092mm　1/16		http://www.hepmall.cn
印　张　18.5		
字　数　480 千字	版　　次	2020 年 9 月第 1 版
购书热线　010-58581118	印　　次	2020 年 9 月第 1 次印刷
咨询电话　400-810-0598	定　　价	48.80 元

本书如有缺页、倒页、脱页等质量问题，请到所购图书销售部门联系调换
版权所有　侵权必究
物 料 号　53488-00

3D 打印技术应用专业教材编委会

主　　任：汪春慧

副 主 任：徐　明　王宏宇　王永信　田秀萍

委　　员：张颖超　肖　文　张建军　崔秋立　顾强生

　　　　　刘海光　谢少华　张　冲　王社宁　程　元

　　　　　肖军田　钱永明　刘巧霞　霍蛟飞　姜　通

　　　　　王录军　庞恩泉　耿国华　周明全　王英博

技术支持：国家增材制造创新中心

编写组织：中国成人教育协会

建设知识型、技能型、创新型劳动者大军

习近平总书记在党的十九大报告中指出："创新是引领发展的第一动力，是建设现代化经济体系的战略支撑""加快建设制造强国，加快发展先进制造业，推动互联网、大数据、人工智能和实体经济深度融合，在中高端消费、创新引领、绿色低碳、共享经济、现代供应链、人力资本服务等领域培育新增长点、形成新动能。支持传统产业优化升级，加快发展现代服务业，瞄准国际标准提高水平。促进我国产业迈向全球价值链中高端，培育若干世界级先进制造业集群""激发和保护企业家精神，鼓励更多社会主体投身创新创业。建设知识型、技能型、创新型劳动者大军，弘扬劳模精神和工匠精神，营造劳动光荣的社会风尚和精益求精的敬业风气。"

增材制造（3D打印）产业作为国家战略新兴产业的重要组成部分，将对传统的工艺流程、生产线、工厂模式、产业链组合产生深刻影响，增材制造（3D打印）技术或将成为下一个制造业颠覆性技术，而解决企业转型升级过程中对掌握增材制造（3D打印）新技能人才的需求问题迫在眉睫。只有企业中有人手，会用、能用增材制造（3D打印）技术解决生产中的实际问题、难点问题，这个技术才能得到应用和发展。

新技术往往要提出新的知识要求和技能要求。增材制造（3D打印）技术的整个产业链涉及创新设计、逆向工程、三维检测、数据处理、设备操作、产品后处理及产业化应用等多个体系，同时也对应着相应的岗位和人才需求。

要将"3D打印技术应用"这个新专业做好，要准备配套教材，在教学实践中，还要推进产业中有代表性的机构与院校协同合作育才，扩大增材制造（3D打印）相关专业人才培养规模，加强配套支撑的课程设计、教材开发、师资队伍、专门实验室等方面的建设，建成一批人才培养示范基地。

国家制造业创新中心建设为"中国制造2025"五大工程之首，

是抢占制造领域国际制高点的重要战略需要。"国家增材制造创新中心"是我国首批第二个国家级创新中心，汇聚了国内增材制造（3D打印）行业的大量顶尖人才、科研院所、高校和企业。

"国家增材制造创新中心"的"3D打印人才培训基地"紧紧围绕行业企业对新兴人才和新兴技术的迫切需求，协同全国十余所职业院校、技师学院对相应知识点整理和对接，共同完成了"3D打印技术应用"专业8门核心教材的研发工作，内容涉及上述几方面技术体系，为增材制造（3D打印）产业发展所需的高技能人才培养打下了坚实的基础。

制造业的前景可能是：一半以上的制造为个性化定制，一半以上的价值由创新设计体现，一半以上的企业业务由众包完成，一半以上的创新研发为极客创客实现。增材制造（3D打印）无所不能的未来，将是创意者发光发热的时代。新的产业、新的业态、新的岗位需要你们，希望你们通过不断学习和自我提高，成为支撑"中国制造2025"的栋梁！

2018.5.20

序

　　3D 打印技术作为新世纪智能制造的重要组成部分，其应用在社会上已经越来越广泛，在"中国制造2025"规划背景下，3D 打印技术将会成为推动智能制造的主线，为我国社会主义经济建设和产业转型升级带来巨大变化。对于培养技术应用型人才的高等职业院校和技工院校，如何面对新技术、新产业和新业态的发展及其对于创新人才的迫切需求，在专业建设上提前布局，是摆在面前迫切需要解决的问题。

　　为支持高等职业院校、技工院校及高技能人才培训基地"3D打印技术应用"专业建设和应用型人才培养，中国成人教育协会联合西安交通大学快速制造国家工程研究中心、渭南鼎信创新智造科技有限公司合作组织了"3D打印技术应用"专业系列教材的开发，具体编写工作由中国成人教育协会现代技工教育培训联盟组织实施，联盟成员单位的领导和专家从2016年8月开始，先后用了一年半的时间编写完成。本套系列教材的特点是对3D 打印技术应用做了系统性、完整性、实用性的表述，编写形式新颖，采取了项目引领、任务驱动的一体化教学模式。教材全面介绍现代制造技术概论、3D 打印技术基础、逆向工程与三维检测技术、3D 打印数据处理技术、3D 打印工艺规划与设备操作、快速模具技术、3D 打印后处理技术以及数字化创意设计的有关内容。应该说，这套教材是一套3D 打印技术应用专业教育、技能实操、技术培训的系列丛书。

　　本套教材的编写，得到了西安交通大学及快速制造国家工程研究中心的全力支持，中国工程院院士、西安交通大学机械工程学院院长、国家增材制造创新中心主任、我国3D 打印学科带头人卢秉恒教授，对组织教材编写工作给予了高度的重视和充分的肯定，并亲自给予了指导；西安交通大学快速制造国家工程研究中心副主任王永信教授，全程参与了教材的编写指导工作；国家增材制造创新中心3D 打印人才培训基地总工程师张冲同志，对教材的编写专门整理了编写大纲，针对技术要点及难点对参编教师进行了系统讲解。联盟成员包括唐山工业职业技术学院、山东劳动职业技术学院、山东工程技师学院、扬州技师学院、江西技师学院、东莞技师学院、江苏盐城技师学院、广州白云工商技师学院和陕西渭南鼎信创新智造科技有限公司等单位。

中国成人教育协会高度重视教材的编写工作，专门成立了编委会，汪春慧副会长亲自担任编委会主任，对整个教材的编写工作给予了精心的指导。在教材编写过程中，高等教育出版社王博编辑全程跟踪，悉心指导，使整个教材的编写工作规范有序进行。唐山工业职业技术学院常务副院长张建军博士，河北省院士工作站主任、学院3D打印工程中心主任王建新博士等专家在教材的编写过程中，担负联盟整个教材编写的技术指导和推动工作，帮助编写学校的相关老师完成教材的编写和整理工作，在此一并表示衷心感谢。

这部教材的问世，填补了我国职业教育领域3D打印技术应用专业系列教材的空白，不仅非常适合高等职业院校、技工院校3D打印技术应用专业的学生使用，同时也可以作为社会各界3D打印领域从业人员岗位培训或自我学习的辅助教材。随着3D打印技术的不断发展，其应用范围也会越来越广，相信这套教材会对所有需要的朋友带来帮助。

由于时间紧促，加之对3D打印技术应用的认识还有许多局限之处，书中难免出现一些不足之处，还望大家给予谅解。相信随着时间的推移和教材的使用，我们的认知水平也会不断提升，对本套教材还可以做进一步的修改和完善，对3D打印技术的推广和应用做出积极的贡献。

中国成协现代技工教育培训联盟
2018 年 5 月 29 日

前　言

随着计算机辅助设计的流行，越来越多的企业及个人利用计算机对已有的产品进行逆向再创新。逆向工程作为消化和吸收现有技术的一种先进设计理念，其意义不在于是仿制，而是从原型复制走向创新再设计。即以现有产品为原型，对通过逆向工程所建立的CAD模型进行改进得到新的产品模型，实现产品的创新设计。CAD模型是实现创新设计的基础，还原实物样件的设计意图，注重重建模型的设计能力是当前CAD建模研究的重点。三维重建只是实现产品创新的基础之一，再创新的思想应始终贯穿于逆向工程的整个过程，将逆向工程的各个环节有机结合起来，集成CAD、RP等先进技术，使之成为有机整体，从而形成以逆向工程技术为中心的产品开发体系。为促进增材制造技术专业的学生及相关爱好者能够掌握逆向工程的知识与技能，我们编写了本书。

本书依托项目引领，任务驱动的教学模式编写而成。根据逆向工程应用领域的典型工作项目进行设置，其总体设计思路打破了以知识传授为主要特征的传统学科课程模式，转变为以工作任务为中心组织课程内容，并让学生在完成具体项目的过程中学会完成相应工作任务，构建相关理论知识，发展职业能力。根据技能型专业人才培养目标、岗位的任职需求及学生的基本情况，以学生很熟悉而且较感兴趣的产品逆向设计等真实的项目为载体。根据典型机械产品逆向建模设计过程及学生的认知规律，形成了推进化的课程结构。

按照职业性、实践性和开放性的要求，以职业能力培养为重点，与行业企业合作进行基于工作过程的课程开发与设计，遵循课程组与合作企业共建教学内容遴选机制，按照合作企业的工作流程开发课程实训项目。在模块教学中不断引入逆向工程新技术和新内容，使课程内容紧贴现代设计前沿。按照"项目导向—任务驱动"的模式，以典型产品逆向造型为载体开展教学。

本书的整体思路是把逆向建模的知识点和技能点融合到具体项目中。本书分为基础篇、进阶篇、拓展篇3篇，共计6个项目，项目载体的选择遵循由浅入深、从简到繁、先易后难的原则，每个项目中按照逆向建模的流程，包括数据采集、点云处理、逆向建模、三维检测4个环节，将必需够用的理论知识融合到教、学、做一体化的学习项目中。在项目中学习，实现做中学，以项目为导向，以任务为驱动，将知识点和技能点贯通。通过几个项目的学习，掌握逆向设计的流程和方法，提高逆向设计的技能水平，具备逆向设计所必备的职业素养。

本书由唐山工业职业技术学院张建军、王建新任主编，侯雯卉、阎金刚任副主编，白洁、薄向东、石惠文任编委共同编写而成。西安交通大学王永信教授和陕西渭南鼎信创新智造有限公司张冲担任本书主审。本书编写过程中，得到了中国成人教育协会现代技工培训联盟和高等教育出版社的大力支持和帮助，在此表示衷心的感谢。同时，编写过程中参考了诸多专家、学者的研究成果，有些资料来源于网络，部分已经无法查明原出处，在此向原作者表示衷心的感谢。

由于编者水平有限，书中疏漏之处在所难免，恳请广大读者批评指正。

编　者
2020 年 2 月

目录

拓　展　篇

基础篇

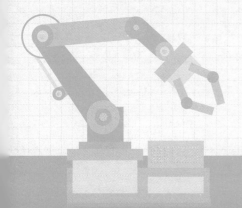

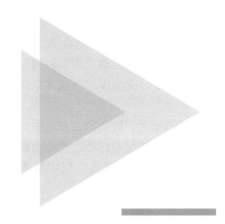

绪　论

逆向工程(Reverse Engineering，RE)，也称反向工程，是指用一定的测量手段对实物或模型进行测量，根据测量数据通过三维几何建模方法重构实物 CAD 模型的过程，是一个从样品生成产品数字化信息模型，并在此基础上进行产品设计开发及生产的全过程。该方法主要用于对难以精确表达的曲面形状或未知设计方法的构件形状进行三维重构和再设计。

逆向工程这一术语起源于 20 世纪 60 年代，但从工程的广泛性去研究，逆向的科学性深化还是从 20 世纪 90 年代初才刚刚开始。逆向工程类似于反向推理，属于逆向思维体系。它以社会方法学为指导，以现代设计理论、方法、技术为基础，运用各种专业人员的工程设计经验、知识和创新思维，对已有的产品进行解剖、分析、重构和再创造，在工程设计领域，它具有独特的内涵，可以说它是对设计的设计。

逆向工程技术是测量技术、数据处理技术、图形处理技术和加工技术相结合的一门综合性技术。它特别强调的是再创造是逆向的灵魂。随着计算机技术的飞速发展和上述各种单元技术的逐渐成熟，近年来在新产品设计开发中逆向技术愈来愈多地得到应用。因为在产品开发过程中，需要以实物(样件)作为设计依据参考模型或作为最终验证依据时尤其需要运用该项技术，所以在汽车、摩托车的外形覆盖件和内装饰件的设计、家电产品外形设计、艺术品复制中，逆向工程技术的应用需求尤为迫切。

1.1　逆向工程的工作流程

逆向工程是以先进产品或设备的实物、软件(图纸、程序、技术文件等)或影像(图片、照片等)作为研究对象，运用现代设计理论与方法、生产工程学、材料学和有关专业知识进行系统分析和研究，探索掌握其关键技术，进而开发出同类的先进产品，是消化吸收先进技术的一系列方法和应用技术的组合。逆向工程含义广泛，包括设计逆向、工艺逆向和管理逆向等方面。

1. 逆向工程一般步骤

逆向工程一般按以下步骤进行。

(1) 引进技术的应用过程　学会引进产品或生产设备的技术操作和维修，使其在生产中发挥作用并创造经济效益。在生产实践中，了解其结构、生产工艺、技术性能、特点以及不足之处，做到"知其然"。

（2）引进技术的消化过程　对引进产品或生产设备的设计原理、结构、材料、制造工艺、管理方法等项内容进行深入的分析研究，用现代的设计理论、设计方法及测试手段对其性能进行测定和计算，了解其材料配方、工艺流程、技术标准、质量控制、安全保护等技术条件，特别要找出它的关键技术，做到"知其所以然"。

（3）引进技术的创新过程　在上述基础上，消化吸收引进的技术，取众家之长，进行创新设计，开发出适合我国国情的新产品。最后完成从技术引进到技术输出的过程，创造出更大的经济效益。这一过程是利用逆向工程进行创新设计的最后阶段，也是逆向工程中最重要的环节。

2. 传统设计与逆向设计

如图 0-1（a）所示，传统设计是通过工程师的创造性劳动，将一个事先并不知道的事物变为人类需求的产品。为此，工程师首先要根据市场需求，提出目标和技术要求，再进行功能设计，创造新方案，经过一系列的设计活动之后，得到预期的新产品。概括地说，传统设计是由未知到已知，由想象到现实的过程，回答的是怎么做的问题。

逆向设计则是从已知事物的有关信息（包括实物、技术资料文件、照片、广告、情报等）出发，去寻求这些信息的科学性、技术性、先进性、经济性、合理性等，充分消化和吸收后，在此基础上进行改进和再创造。如图 0-1（b）所示为逆向设计过程示意图，回答的是为什么要这样做的问题。

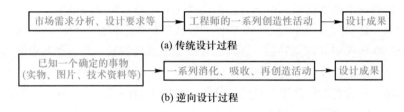

(a) 传统设计过程

(b) 逆向设计过程

图 0-1

传统设计过程是一个主动的创造性活动，而逆向设计过程则是一种高起点的、先被动后主动的创造性活动。一个先进成熟的产品，凝集着设计者的智慧和技术，要在吃透、消化原设计的基础上设计出竞争力更强的创新产品，所以逆向设计并非传统设计的简单逆过程。

逆向设计一般可分为以下四个阶段。

（1）零件原型的数字化　通常采用三坐标测量机（CMM）或激光扫描器等测量装置来获取零件原型表面点的三维坐标值。

（2）从测量数据中提取零件原型的几何特征　按测量数据的几何属性对其进行分割，采用几何特征匹配与识别的方法来获取零件原型所具有的设计与加工特征。

（3）零件原型 CAD 模型的重建　将分割后的三维数据在 CAD 软件中分别做表面模型的拟合，并通过各表面片的求交与拼接获取零件原型表面的 CAD 模型。

（4）重建 CAD 模型的检验与修正　采用根据获得的 CAD 模型重新测量和加工出样品的方法来检验重建的 CAD 模型是否满足精度及其他试验性能指标的要求，对不满足要求者重复以上过程，直至达到零件的设计要求。

3. 逆向工程技术优点

逆向工程技术具有以下优点。

（1）快速建立新产品的数据化模型　　利用坐标测量仪器对原产品进行实际测量，快速建立起新产品的原始数据模型，为快速原型制造提供数据来源。坐标数据采集是逆向工程中的第一个环节，是数据处理、模型重建的基础。常用的测量方法有机械坐标测量法、激光线扫描法、光栅法及层切法等。

（2）显著提高新产品技术水平　　在对原产品的原理、结构、材料、精度、使用维护分析的基础上，采用价值工程、人机工程学、相似理论、精度设计、动态设计和可靠性设计等现代优化设计工具对其进行改进和提高，以制造出更好的产品。因此，逆向工程技术有助于企业迅速消化吸收并改进和提高国内外先进技术，确保企业自身在同行业中新产品技术水平的优势地位。

（3）彻底改变新产品传统制造工艺方法　　逆向工程集成制造系统综合运用了 CAD/CAE、数控、伺服驱动、激光和材料等先进技术，可在没有传统制造工具的情况下，在短时间内制造出几何形状复杂的物体。

（4）缩短新产品研发周期　　快速响应制造是 21 世纪对制造业最具影响的技术之一。追求完美与个性化的消费需求使产品品种多样化，企业间的竞争不再只是质量与成本的竞争，更重要的是产品上市时间的竞争。采用逆向技术可避免走自行开发中不可避免的许多弯路，从而大大缩短新产品的开发周期，为企业快速占领市场创造有利条件。

（5）实现异地（远地）制造或虚拟制造　　将逆向工程与快速原型制造相结合，利用互联网或局域网方便地读入、传输三维物体数据，实现异地（远地）制造或虚拟制造。

（6）实现快速模具制造（RT）　　将快速原型制造的样本用于模具制造，可降低成本，缩短生产周期，显著提高生产效率。硅橡胶模、金属树脂模等可用原模具作为样本，用逆向的方法实现快速模具制造。

（7）快速制造出复杂物体三维模型　　对于一些十分复杂的物体，如车身壳体、玩具、艺术造型等，用目前的 CAD 软件，还很难设计出令人十分满意的形状。如果运用逆向技术，则可很快地将实体模型转化为 CAD 模型，然后利用快速原型系统制造出样件。

在某些医学领域，利用层析 X 射线（Computerized Tomography，CT）及核磁共振（Mag netic Resonance Imagining，MRI）等设备采集人体器官、骨骼、关节等部位的外形数据，重建三维数据化模型，然后用快速原型技术制造教学和手术参考用的模型或用于帮助制造假肢或牙科镶复等。因为是对具体患者采集数据并建立相应的三维模型，所以可以使假肢、牙科镶复及其他器官更具有针对性，更符合具体患者的需求。

4. 逆向工程的研究特点

在进行逆向工程分析的过程中，要求设计人员除了具有基础理论知识，还需具有系统工程、价值工程、优化设计、工业造型、相似理论、人机工程学等现代设计理论和方法等方面的知识。并且还要求能及时跟踪国际上相关产品的技术发展动向，能准确地把握该类产品在设计和生产制造中的关键技术，以期对研究对象能给予全面的了解和把握。

1.2　逆向工程的研究内容

逆向工程技术的研究内容包括所引进逆向产品的设计理论、生产制造和管理工程等。就设计而言主要包括引进产品的设计指导思想、功能、原理方案、结构、形体尺寸、精度、材料、工作性能、造型设计、工艺、使用维护、包装技术和经济技术等内容。

1. 产品设计的指导思想分析

了解产品设计的指导思想是分析产品设计的重要前提，是明确逆向设计要求的关键。不同时期的产品在设计指导思想方面是不同的，并与社会的发展及科技发展水平密切相关。在产品设计早期，人们往往是从完善功能、扩展功能、降低成本方面开发产品，但随着社会的发展，人民生活水平的提高，在保证功能的前提下，产品的精美造型、工作生活的舒适性等也成为设计人员追求的目标。冰箱要求能美化人们家居生活，能满足人们的健康需求；计算机键盘、鼠标必须使操作人员手位舒适；汽车座椅设计能够缓解驾驶员的疲劳等。

要分析一个产品，首先要从产品的设计指导思想入手。它决定了产品的设计方案，深入分析并掌握其指导思想是分析了解整个产品设计的前提。了解逆向对象的功能将有助于对产品设计方案的分析、理解和掌握，只有这样才有可能在进行逆向设计时，得到优于原产品的设计方案。

2. 材料分析

对于同一零件，采用不同的材料及材料处理方式，对零件的功能、加工工艺、使用性能有着重要影响。探求原设计零件材料的化学成分、结构和表面处理情况，可以使用表面观测、化学分析、金相检验等分析方法。物理试验可以测定材料的各种物理性能和主要的力学性能，确定材料牌号及热处理方法。立足本国资源，尽可能选择适用的国产材料替代。替代原则是优先满足力学及物理性能，其次满足化学成分的要求，参照其他同类产品，确定替代材料的牌号及技术条件。

3. 功能原理方案分析

各种产品都是按照一定的要求设计的，而满足一定要求的产品，可能有多种不同的形式。所以产品的功能目标是产品设计的核心问题，不同的目标可引出不同的原理方案。例如设计一个夹紧装置时，如果把功能目标定在机械手段上，则可能设计出螺旋夹紧、凸轮夹紧、连杆结构夹紧、斜面夹紧等原理方案。如果把功能目标扩大，则可能出现液压、气动、电磁夹紧等原理方案。充分了解逆向对象的功能有助于对产品原理方案的分析、理解和掌握，只有这样也才有可能在进行逆向设计时得到基于原产品而又高于原产品的原理方案，这也是逆向工程技术的精髓所在。

4. 零部件结构分析

结构设计不仅仅是原理方案的具体化过程，还必须要考虑许多细节，而细节的总和就是质量。因此，零部件结构分析时除了要考虑提高产品性能（提高强度、刚度、精度、寿命，减少磨损，降低噪声等），还要考虑工艺、装配、美观、成本、安全、环保等诸多方面的要求和限制。

5. 零部件形体尺寸分析

根据逆向对象资料（实物、软件或影像）的不同，在确定逆向对象形状尺寸时，所选用的方法也有所不同。若是实物逆向，则可对产品直接进行测量；若是软件或影像逆向，则可采用参照物对比法、利用透视成像原理和作图技术，并结合人机工程学和相关的专业知识，通过分析计算确定其形状尺寸。对于具有复杂曲线曲面的零件，则要采用一些先进的测绘仪器及测绘手段方可实现。

6. 工艺分析

在逆向工程技术中，逆向设计与逆向工艺是相互联系，缺一不可的。在某些情况下，逆向工程中工艺问题比设计问题更难处理。 因此，在缺乏制造原型产品的先进设备与先进工艺方法和未掌握某些特殊技术的条件下，对逆向工程中工艺问题的处理就显得尤为重要。通常采用的方法有：反叛法编制工艺；通过改进工艺方案，保证原设计的要求；使用曲线对应法，获得逆向工艺参数；采用国产化材料，局部改进原型结构以适应工艺水平。

（1）反判法编制工艺规程　目前，传统的工艺编制方式是从毛坯、粗加工、半精加工、精加工依序考虑安排，这难以适应逆向工艺。所谓反判法，是以零件的技术要求如尺寸精度、几何公差、表面粗糙度等为依据，查明设计基准，分析关键工艺，优选加工工艺方案，并依次向前递推加工工序，编制工艺规程。

（2）通过改进工艺方案，保证原设计的要求　在保证引进技术的设计要求和功能的前提下，局部地改进某些实现较为困难的工艺方案。在对逆向对象进行装配分析时，主要是考虑用什么装配工艺来保证性能要求，能否将原产品的若干个零件组合成一个部件及如何提高装配速度等。

（3）使用曲线对应法获得逆向工艺参数　所谓曲线对应法，是通过技术引进的性能指标或工艺参数建立第一参照系，以实际条件建立第二参照系，根据已知点或特殊点将工艺参数及其有关的量与性能的关系拟合曲线，并按曲线规律适当拓宽，从曲线中找出相对于第一参照系性能指标的工艺参数。

（4）采用国产化材料，局部改进工作原型结构以适应工艺水平　由于材料对加工方法的选择起决定性作用，所以在无法保证使用原产品的材料时，或在使用原材料而工艺水平不能满足要求时，可以使用国产化材料，以适应目前的工艺水平。

7. 精度分析

精度是衡量逆向对象性能的重要指标之一，也直接影响产品的成本。虽然零件尺寸易于获得，但某尺寸精度却难以确定，这也是逆向设计中的难点之一。合理分析设计零件精度及其分配关系，对提高产品的装配精度、机械性能，降低产品成本至关重要。

8. 工作性能分析

针对产品的工作特点及其主要性能（强度、刚度、精度或寿命等）进行试验测定、反计算和深入的分析，掌握其设计准则和设计规范。在分析产品的运动特性、力学特性过程中，建立合理的数学模型，进行静态、动态的全面分析。例如，某机床厂与法国 Vernier 公司合作，开发生产 DB420 型工作台不升降铣键床。在测试了原铣键床的部件几何精度、机床静刚度、主传动效率、主轴部件热变形、温升等参数，并进行切削振动、激振、噪声等试验之后，抓住并解决了刚度和热变形的主要问题，使新产品工作性能得到了很大改善。

9. 外观造型分析

在市场经济条件下，产品的外观造型在商品竞争中起着重要的作用。对产品的造型及色彩进行分析时，应从美学原则、顾客需求心理、商品价值等角度进行外观造型设计和色彩设计。美学原理包括合理的尺度、比例，造型上的对称与均衡、稳定与轻巧、统一与变化、节奏与韵律等。此外，色彩也能美化产品并引起感情效果。对有关产品色调的选择与配色、色彩的对比与调和等方面作相应分析，有利于了解它的设计风格。

10. 对产品的维护与管理进行分析

分析产品的维护与管理方式，了解重要零部件及易损的零部件，有助于维修、改进设计和创新设计。

1.3　逆向工程关键技术

1. 实物原型的数字化技术

实物样件的数字化是通过特定的测量设备和测量方法，获取零件表面离散点的几何坐标数据的过程。随着传感技术、控制技术、制造技术等相关技术的发展，出现了各种各样的数字化技术。

2. 数据点云的预处理技术

获得的数据一般不能直接用于曲面重构，因为对于接触式测量，由于测头半径的影响，必须对数据点云进行半径补偿。在测量过程中，不可避免会带进噪声、误差等，必须去除这些点；对于海量点云数据，对其进行精简也是必要的。数据点云的预处理技术包括半径补偿、数据插补、数据平滑、点云数据精简、不同坐标点云的归一化等。

3. 三维重构基本方法

复杂曲面的 CAD 重构是逆向工程研究的重点。而对于复杂曲面产品来说，其实体模型可由曲面模型经过一定的计算演变而来，因此曲面重构是复杂产品逆向工程的关键。三维重构基本方法包括多项式插值法、双三次 Bspline 法、Coons 法、三边 Bezier 曲面法、BP 神经网络法等。

4. 曲线/曲面光顺技术

在基于实物数字化的逆向工程中，由于缺乏必要的特征信息以及存在数字化误差，光顺操作在产品外形设计中尤为重要。根据每次调整型值点的数值不同，曲线/曲面的光顺方法和手段主要分为整体修改和局部修改，光顺效果取决于所使用方法的原理准则。方法有最小二乘法、能量法回弹法、基于小波的光顺技术等。

1.4 逆向工程中常用的测量方法

1. 接触式测量方法

（1）坐标测量机

坐标测量机是一种大型精密的三坐标测量仪器，可以对复杂形状工件的空间尺寸进行逆向工程测量。坐标测量机一般采用触发式接触测头，一次采样只能获取一个点的三维坐标值。20世纪 90 年代初，英国 Renishaw 公司研制出一种三维力–位移传感的扫描测量头，该测头可以在工件上滑动测量，连续获取表面的坐标信息，扫描速度可达 8 m/s，数字化速度最高可达 500 点/s，精度约为 0.03 mm。这种测头价格昂贵，目前尚未在坐标测量机上广泛采用。坐标测量机的主要优点是测量精度高，适应性强，但一般接触式测头测量效率低，而且对一些软质表面无法进行逆向工程测量。

（2）层析法

层析法是近年来发展起来的一种逆向工程技术，将研究的零件原型填充后，采用逐层铣削和逐层光扫描相结合的方法获取零件原型不同位置截面的内外轮廓数据，并将其组合起来获得零件的三维数据。层析法的优点在于能够对任意形状、任意结构零件的内外轮廓进行测量，但测量方式是破坏性的。

2. 非接触式逆向工程测量方法

非接触式测量根据测量原理的不同，大致有光学测量、超声波测量、电磁测量等方法。以下仅将在逆向工程中最为常用与较为成熟的光学测量方法（含数字图像处理方法）做一简要说明。

（1）基于光学三角形原理的逆向工程扫描法

这种测量方法是根据光学三角形测量原理，以光作为光源，其结构模式可以分为光点、单线条、多光条等，将其投射到被测物体表面，并采用光敏元件在另一位置接收激光的反射能量，根据光点或光条在物体上成像的偏移，通过被测物体基平面、像点、像距等之间的关系计算物体的深度信息。

（2）基于相位偏移测量原理的莫尔条纹法

这种测量方法是将光栅条纹投射到被测物体表面，受物体表面形状的调制，光栅条纹间的相位关系会发生变化，用数字图像处理的方法解析出光栅条纹图像的相位变化量，从而获取被测物体表面的三维信息。

（3）基于工业 CT 断层扫描图像的逆向工程法

这种测量方法是对被测物体进行断层截面扫描，以 X 射线的衰减系数为依据，经处理重建断层截面图像，根据不同位置的断层图像可建立物体的三维信息。该方法可以对被测物体内部的结构和形状进行无损测量，但其造价高，测量系统的空间分辨率低，获取数据时间长，设备体积大。美国劳伦斯利弗莫尔实验室（Lawrence Livermore National Laboratory，LLNL）研制的高分辨率 ICT 系统测量精度可达到 0.01 mm。

（4）立体视觉测量方法

立体视觉测量是根据同一个三维空间点在不同空间位置的两个（多个）摄像机拍摄的图像中的视差，以及摄像机之间位置的空间几何关系来获取该点的三维坐标值。立体视觉测量方法可以对处于两个（多个）摄像机共同视野内的目标特征点进行测量，而无须伺服机构等扫描装置。立体视觉测量面临的最大困难是空间特征点在多幅数字图像中提取与匹配的精度与准确性等问题。近来出现了将具有空间编码特征的结构光投射到被测物体表面制造测量特征的方法，有效解决了测量特征提取和匹配的问题，但在测量精度与测量点的数量上仍需改进。

1.5 逆向工程软件介绍

逆向工程软件功能通常都是集中于处理和优化密集的扫描点云以生成更规则的结果点云，可以应用于快速成型，也可以根据这些规则的点云构建出最终的 NURBS 曲面以输入到 CAD 软件进行后续的结构和功能设计工作。

目前主流应用的四大逆向工程软件为 Imageware、Geomagic Wrap、CopyCAD、RapidForm、Ug。

1. Imageware

Imageware 由美国 EDS 公司出品，是最著名的逆向工程软件，正被广泛应用于汽车、航空航天、消费家电、模具、计算机零部件等设计与制造领域。该软件拥有广大的用户群，国外用户有 BMW、Boeing、GM、Chrysler、Ford、Raytheon、Toyota 等著名国际大公司，国内用户有上海大众、上海交大、上海 DELPHI、成都飞机制造公司等大企业。

以前该软件主要被应用于航空航天和汽车工业，因为这两个领域对空气动力学性能要求很高，在产品开发的开始阶段就要认真考虑空气动力性。常规的设计流程首先根据工业造型需要设计出结构，制作出油泥模型之后将其送到风洞实验室去测量空气动力学性能，然后再根据实验结果对模型进行反复修改直到获得满意结果为止，如此所得到的最终油泥模型才是符合需要的模型。如何将油泥模型的外形精确地输入计算机成为电子模型，这就需要采用逆向工程软件。首先利用三坐标测量仪器测出模型表面点阵数据，然后利用逆向工程软件（例如：Imageware Surfacer）进行处理即可获得 class 1 曲面。

随着科学技术的进步和消费水平的不断提高，其他许多行业也开始纷纷采用逆向工程软件进行产品设计。以微软公司生产的鼠标器为例，就其功能而言，只需要有三个按键就可以满足使用需要，但是怎样才能让鼠标器的手感最好，而且经过长时间使用也不易产生疲劳感却是生产厂商需要认真考虑的问题。因此微软公司首先根据人体工程学制作了几个模型并交给使用者评估，然后根据评估意见对模型直接进行修改，直至修改到大家都满意为止，最后再将模型数据利用逆向工程软件 Imageware 生成 CAD 数据。当产品推向市场后，由于外观新颖、曲线流畅，再加上手感也很好，符合人体工程学原理，因而迅速获得用户的广泛认可，产品的市场占有率大幅度上升。

Imageware 处理数据的流程遵循点→曲线→曲面原则，流程简单清晰，软件易于使用。其流程如下所述。

（1）点过程

读入点阵数据。Imageware 可以接收几乎所有的三坐标测量数据，此外还可以接收其他格式，例如：STL、VDA 等。

将分离的点阵对齐在一起（如果需要）。有时候由于零件形状复杂，一次扫描无法获得全部的数据，或是零件较大无法一次扫描完成，这就需要移动或旋转零件，这样会得到很多单独的点阵。Imageware 可以利用诸如圆柱面、球面、平面等特殊的点信息将点阵准确对齐。

对点阵进行判断，去除噪音点（即测量误差点）。由于受到测量工具及测量方式的限制，有时会出现一些噪音点，Imageware 有很多工具来对点阵进行判断并去掉噪音点，以保证结果的准确性。

通过可视化点阵观察和判断，规划如何创建曲面。一个零件，是由很多单独的曲面构成，对于每一个曲面，可根据特性判断用什么方式来构成。例如，如果曲面可以直接由点的网格生成，就可以考虑直接采用这一片点阵；如果曲面需要采用多段曲线蒙皮，就可以考虑截取点的分段。提前做出规划可以避免以后走弯路。

根据需要创建点的网格或点的分段。Imageware 能提供很多种生成点的网格和点的分段工具，这些工具使用起来灵活方便，还可以一次生成多个点的分段。

（2）曲线创建过程

判断和决定生成哪种类型的曲线。曲线可以是精确通过点阵的、也可以是很光顺的（捕捉点阵代表的曲线主要形状），或介于两者之间。

创建曲线。根据需要创建曲线，可以改变控制点的数目来调整曲线。控制点增多则形状吻合度好，控制点减少则曲线较为光顺。

诊断和修改曲线。可以通过曲线的曲率来判断曲线的光顺性，可以检查曲线与点阵的吻合性，还可以改变曲线与其他曲线的连续性（连接、相切、曲率连续）。Imageware 提供很多工具来调整和修改曲线。

（3）曲面创建过程

决定生成曲面种类。同曲线一样，可以考虑生成更准确的曲面、更光顺的曲面（如 class 1 曲面），或两者兼顾，可根据产品设计需要来决定。

创建曲面的方法很多，可以用点阵直接生成曲面（Fit Free Form），可以用曲线通过蒙皮、扫掠、四个边界线等方法生成曲面，也可以结合点阵和曲线的信息来创建曲面。还可以通过例如圆角、过桥面等生成曲面。

诊断和修改曲面。比较曲面与点阵的吻合程度，检查曲面的光顺性及与其他曲面的连续性，同时可以进行修改，例如可以让曲面与点阵对齐，可以调整曲面的控制点让曲面更光顺，或对曲面进行重构等处理。

正是由于 Imageware 在计算机辅助曲面检查、曲面造型及快速样件等方面具有其他软件无可匹敌的强大功能，使它当之无愧地成为逆向工程领域的领导者。

2. Geomagic Wrap

由美国雨滴(Raindrop)公司出品的逆向工程和三维检测软件 Geomagic Wrap 可轻易地通过扫描得的点云数据创建出完美的多边形模型和网格,并可自动转换为 NURBS 曲面。该软件也是除了 Imageware 以外应用最为广泛的逆向工程软件。

Geomagic Wrap 主要包括 Qualify、Shape、Wrap、Decimate、Capture 五个模块。主要功能包括:自动将点云数据转换为多边形(Polygons);快速减少多边形数目(Decimate);把多边形转换为 NURBS 曲面;曲面分析(公差分析等);输出与 CAD/CAM/CAE 匹配的文件格式(IGS、STL、DXF 等)。

3. CopyCAD

CopyCAD 是由英国 DELCAM 公司出品的功能强大的逆向工程系统软件,它能从已存在的零件或实体模型生成三维 CAD 模型。CopyCAD 能够接收来自坐标测量机床的数据,同时跟踪机床和激光扫描器。

CopyCAD 简单的用户界面有助于用户快速生产,并且能够快速掌握其功能。使用 CopyCAD 的用户将能够快速编辑数字化数据,生成高质量的复杂曲面。该软件系统可以完全控制曲面边界的选取,然后根据设定的公差自动产生光滑的多块曲面,同时 CopyCAD 还能够确保在连接曲面之间正切的连续性。

4. RapidForm

RapidForm 是韩国 INUS 公司出品的软件,是全球四大逆向工程软件之一,RapidForm 提供了新一代运算模式,可实时将点云数据运算出无接缝的多边形曲面,使它成为 3D Scan 后处理最佳化的接口。

1.6 逆向工程的设计程序

逆向设计分为逆向对象分析阶段与设计阶段两个部分。逆向对象分析阶段是通过对原有产品的剖析,寻找原产品的技术缺陷,吸取其技术精华、关键技术,为改进或创新设计提出方向。逆向设计阶段是在对原产品进行逆向分析的基础上,进行测绘仿制、开发设计和变异设计。逆向工程的设计流程如图 0-2 所示。

开发设计就是在分析原有产品的基础上,抓住功能的本质,从原理方案开始进行创新设计;变异设计就是在现有产品的基础上对参数、机构、结构和材料等改进设计,或对产品进行系列化设计。

从工程技术角度看,根据逆向对象的不同,逆向设计可分为实物逆向、软件逆向和影像逆向三类。

1. 实物逆向

顾名思义,实物逆向是在已有实物条件下,通过试验、测绘和详细分析,研制开发出与原型产品相同或相似的新产品。实物逆向过

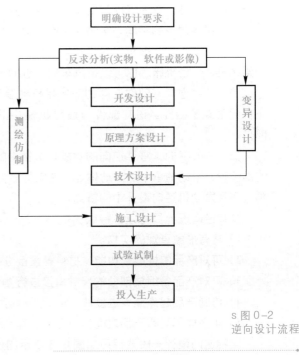

s 图 0-2
逆向设计流程

程是一个认识产品、再现产品或创造性地开发产品的过程，其中包括功能逆向、性能逆向，以及方案、结构、材质、精度、使用规范等众多方面的逆向。

实物逆向首先要在实物未解体前进行功能、性能等全面试验考核，测试其各项功能和性能指标。为此，应做好以下几项工作：

1）根据样本、使用说明书等技术文件，搞清产品的功能指标。

2）制定相应的试验条件和试验规范。

3）选择和完善试验台及相应测试仪表和精度。

4）科学处理试验结果，其中包括静态数据和动态数据。

5）记录试验中出现故障的现象，为进一步分析提供依据。

通过试验，要客观捕捉和反映原机的真实面貌，总结其优点和不足。对有些样机，不仅要做台架试验，必要时还需要做野外行走试验。

实物逆向测绘中的几个关键问题如下。

（1）尺寸、精度问题　一般样机都要经出厂磨合试验和性能试验，其尺寸、形状、表面等精度会有变化，要逆向其公差和表面精度。

（2）曲线和曲面拟合问题　对于有三维曲面的零件或组件，尽管可测出其特征点，但难以勾画出其形状，这就要用三坐标测量和 CAD 中曲面造型等技术去解决。

（3）无损检测问题　对样机的零件测绘不允许有损伤。例如有些零件表面有耐磨、耐蚀或增加美观性的薄涂层，材质成分和硬度，内表面难以测量的尺寸和形状等，就必须用无损检测，一般可用激光技术、材料转移的光谱技术、三维全息照相显示技术等。

（4）测绘后对关键问题的分析和反设计问题　测绘完后要转化为图纸，需要进行各种标注并根据零件工作特性提出技术要求；对于特殊的形状曲线（例如高次方凸轮轮廓、各种过渡曲线等），应通过优化设计；对于箱体等结构复杂件，应采用有限元法去逆向其强度和刚度等。

测绘后的逆向是试验逆向的进一步深化，能否消化、吸收，提出改进和再创造的途径，是这一阶段的关键，有许多内容要做，而且不同对象尚有其特殊性。

根据逆向对象的不同，实物逆向设计可分为三种。

（1）整机逆向　整机逆向是指对整台机械设备进行逆向设计，如一台发动机、一辆汽车、一架飞机、一台机床、也可以是汽车或飞机的一台发动机、成套设备中的某一设备等。

（2）部件逆向　部件逆向的对象是机械装置中的某些部件，如机床主轴箱、汽车后桥、飞机起落架等组件。逆向部件一般是机械中的重点或关键部件，也是各国进行技术控制的部件。

（3）零件逆向　零件逆向的对象是机械中的某些零件，如发动机中的凸轮轴、汽车后桥中的锥齿轮、滚动轴承中的滚动体等。逆向的零件一般是机械中的关键零件，如发动机中的凸轮轴一直是发动机逆向设计中的重点。

实物逆向设计具有以下特点。

1）具有形象直观的实物。

2）可对产品的性能、功能、材料等直接进行测试分析，获得详细的产品技术资料。

3）可对产品各组成部分的尺寸直接进行测试分析，获得产品的尺寸参数。

4）仿制产品起点高，进度快，设计周期可大大缩短。

5）实物样品与新产品之间有可比性，有利于提高新产品开发的质量。

实物逆向设计一般要经历如图 0-3 所示的过程。由实物逆向设计流程可以看出，实物逆向设计的创新性可以体现在产品设计中的许多方面，设计思想、方案选择、零部件结构设计、尺寸公差设计、材料选择和工艺设计等都有设计师发挥创造的空间。

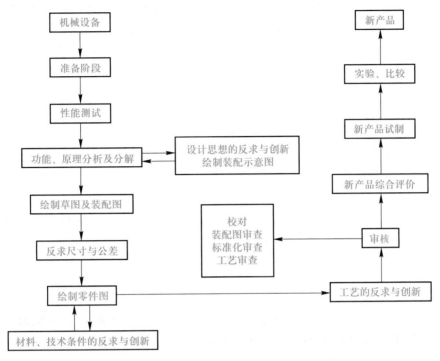

图 0-3
实物逆向设计流程

2. 软件逆向

技术软件泛指产品样本资料、产品标准、产品规范，以及与设计、研制、生产制造有关的技术资料和技术文件，如产品图纸、制造验收技术条件、产品设计说明书、计算书、使用说明书和产品设计标准、工具工装设计标准、工艺守则、操作规范、管理规范、质量保证手册等。依据这些技术软件，设计新产品的过程，称为软件逆向。

软件逆向设计具有以下特点：

（1）抽象性　技术软件不是实物，只是一些抽象的文字、公式、数据、图纸等，需要充分发挥人们的想象力，因此软件逆向过程是一个处理抽象信息的过程。

（2）严密性　软件逆向设计过程要求人们从各种技术信息中，去伪存真，从低级到高级，逐步探索、逆向出设计对象的技术奥秘，获取可为我所用的技术信息。因此，软件逆向设计过程是一个严密的逻辑思维过程，软件逆向设计具有科学的、推理的、有序的和高度的严密性。

（3）技术性　软件逆向大部分工作是一个分析、计算的逻辑思维过程，也是一个从抽象思维到形象思维不断反复的过程，因此软件逆向具有高度的技术性。

（4）综合性　软件逆向设计建立在系统工程、创造工程的基础上，综合运用优化理论、相似理论、模糊理论、可靠性、有限元等自然科学理论及价值工程、决策理论、预测理论等社会科学理论，同时采用集合、矩阵、图论等数学工具和电子计算机技术等多门学科的知识，是一门综合性很强的技术。

（5）创造性　软件逆向设计是在引进技术软件基础上的产品逆向设计，但又不是原产品设计过程的简单重复，而是一种再创造、再创新的过程。软件逆向设计应充分发挥人的创造性及集体的智慧，在消化、吸收原有引进技术基础上，大胆开发，大胆创新。

软件逆向的一般过程如下：

1）论证对引进技术资料进行逆向设计的必要性。对引进技术资料进行逆向设计要花费大量时间、人力、财力、物力，因此，逆向设计之前，要充分论证引进对象的技术先进性、可操作性、市场预测等内容。

2）根据引进技术资料，论证进行逆向设计成功的可能性。并非所有的技术资料都能逆向成功，因此要进行论证，避免走弯路。

3）分析原理方案的可行性、技术条件的合理性。

4）分析零部件设计的正确性、可加工性。

5）分析整机的操作、维修是否安全方便。

6）分析整机综合性能的优劣。

软件逆向设计一般可分为三种类型。

（1）开发型软件逆向设计　开发型软件逆向设计是针对新任务，引进全新的产品设计资料，其软件逆向设计内容应包括从产品规划到生产设计的全过程。

（2）适应型软件逆向设计　适应型软件逆向设计是在产品固有设计基础上的变形设计，其产品设计的基本原理方案已定，引进的技术软件只在产品构形及尺寸方面有所变化，软件逆向设计主要是针对其变化部分的影响进行论证及验证。

（3）变参数型软件逆向设计　这类设计产品的功能、原理、方案、结构形式基本确定，引进技术软件只是根据不同需要改变了参数尺寸规格，软件逆向设计内容主要是核算、验证其尺寸规格变化对产品功能的影响。

3. 影像逆向

既无实物，又无技术软件，仅有产品照片、图片、广告介绍、参观印象和影视画面等时，设计信息量最少，基于这些信息来构思、想象开发新产品，称之为影像逆向，这是逆向设计中难度最大并最富有创新性的设计。影像逆向设计本身就是创新过程。

影像逆向设计中，对图片等资料进行分析是最关键的技术，包括透视变换原理与技术、阴影、色彩与三维信息等。随着计算机技术的飞速发展，图像扫描技术与扫描结果的信息处理技术已逐渐完善。通过色彩可辨别出橡胶、塑料、皮革等非金属材料的种类，也可辨别出是铸件或是焊接件，还可辨别出钢、铝、铜、金等有色金属材料。通过外形可辨别其传动形式和设备的部分内部结构。根据拍照距离可辨别其尺寸。当然，图像处理技术不能解决强度、刚度、传动比等反映机器特征的详细问题，更进一步的问题还需要技术人员去解决。

影像逆向设计过程一般可分为以下几个步骤：

1）收集影像资料。

2）根据影像资料进行原理方案分析，结构分析。

3）原理方案的逆向设计与评估。

4）技术性能与经济性的评估。

影像逆向设计技术目前还不成熟，一般要利用透视变换和透视投影，形成不同透视图，从外形、尺寸、比例和专业知识，去琢磨其功能和性能，进而分析其内部可能的结构，并要求设计人员具有较丰富的设计实践经验。在进行影像逆向时，可从以下几个方面来考虑：

1）可从影像资料得到一些新产品设计概念，并进行创新设计。某研究所从国外一些给水设备的照片，看到喷灌给水的前景，并受照片上有关产品的启发，开发出一种经济实用、性能良好的喷灌给水栓系列产品。

2）结合到影像信息，可根据产品的工作要求分析其功能和原理方案，如从执行系统的动作和原动机情况分析传动系统的功能和组成机构。国外某杂志介绍一种结构小巧的省力扳手，这种扳手适用于妇女、少年给汽车换胎、拧螺母。根据其照片输出输入轴同轴及圆盘形外廓，分析其采用了行星轮系，以大传动比减速增矩。在此基础上设计的省力扳手，效果很好。

3）根据影像信息、外部已知信息、参照功能和工作原理进行推理，分析产品的结构和材料。可通过判断材料种类，通过传动系统的外形判断传动类型。

4）为了较准确得到产品形体的尺寸，需要根据影像信息，采用透视图原理求出各尺寸之间的比例，然后用参照物对比法确定其中某些尺寸，通过比例求得物体的全部尺寸。参照物可为已知尺寸的人、物或景。

5）借助计算机图像处理技术来处理影像信息。可利用摄像机将照片中的图像信息输入计算机，经过处理得到三维 CAD 实体模型及其相关尺寸。

1.7　逆向工程的应用与发展

1. 逆向工程的应用领域

逆向工程是近年发展起来的消化、吸收和提高先进技术的一系列分析方法以及应用技术的组合，其主要是为了改善技术水平，提高生产率，增强经济竞争力。世界各国在经济技术发展中，运用逆向工程消化吸收先进技术，给人们有益的启示。据统计，各国 70% 以上的技术源于国外，逆向工程作为掌握技术的一种手段，可使产品研制周期缩短 40% 以上，极大提高了生产率。因此研究逆向工程技术，对我国国民经济的发展和科学技术水平的提高，具有重大的意义。

逆向工程的应用领域大致可分为以下几种情况：

（1）在产品仿制中的应用

有时，拟合制作的产品没有原始的设计图档，而是由委托单位交付样品，请制作单位复制。传统的复制方法是用立体雕刻机或三轴仿形铣床以 1:1 的比例制作模具，再生产产品。这种方法属于模拟型复制，其缺点是无法建立工件尺寸图档，因而也无法用现有的 CAD 软件对其进行修改，所以逐渐为新型的数字化逆向工程系统所取代。在这种情况下，在对零件原型进行三维逆向的基础上形成零件的设计图纸或 CAD 模型，并以此为依据生成数控加工的 NC 代码，加工复制出一个相同的零件。

（2）在新产品设计中的应用

随着工业技术的发展以及经济的发展，消费者对产品的要求越来越高。为赢得市场竞争，不仅要求产品的功能先进，而且要求外形美观。而在造型中针对产品外形的美学设计，已不是传统训练下的机械工程师所能胜任的。一些具有美工背景的设计师们可利用技术构想创新美观的外形，再以手工方式塑造出模型，如木模、石膏模、黏土模、胶模、工程塑胶模、玻璃纤维模等，然后再以三维测量的方式建立曲面模型。在美学设计特别重要的领域，例如汽车外形设计广泛采用真实比例的木制或泥塑模型来评估设计的美学效果，而不采用在计算机屏幕上缩小物体投视图比例的方法，此时需用逆向工程的设计方法。

（3）在旧产品改进中的应用

在对旧产品改进时，有时并没有零件的 CAD 模型，因此需要利用逆向工程技术建立产品的几何模型，然后再利用传统的 CAD 软件对原设计进行改进。当要设计需要通过实验测试才能定型的工件模型时，通常采用逆向工程的方法。比如航空航天领域，为了满足产品对空气动力学等要求，首先要求在初始设计模型的基础上经过各种性能测试，如风洞试验等建立符合要求的产品模型，这类零件一般具有复杂的自由曲面外形，最终的实验模型将成为设计这类零件及其模具逆向的依据。

（4）在 RPM（快速原型制造）中的应用

快速原型制造又称 RP 技术，是近年来后兴起的一种基于材料累加法的高新制造技术，被认为是近年来制造领域的一次重大突破。RPM 综合了机械、CAD、数控、激光以及材料科学等各种技术，可以自动、直接、快速、精确地将设计思想转变为具有一定功能的原型或直接制造零件，用以对产品设计进行快速评估、修改及功能试验，大大缩短了产品的研制周期。而以 RP 系统为基础的快速工装模具制造和快速精铸技术等则可实现零件的快速制造。

该项技术首先应该有产品的三维几何模型。尽管已经出现了许多成功的 CAD 三维软件，但运用这些软件建立一个复杂的零件模型仍相当费时。有时工程界提供的是实物，需要由实物制造模具或做设计上的改进，因此经常利用逆向工程技术来建立产品的几何模型。

此外，在计算机图形和动画、工艺美术、医疗康复工程等领域，也经常需要根据实物快速建立物体的三维几何模型。另一个重要的应用如修复破损的艺术品或缺乏供应的损坏零件等，此时不需要对整个零件原型进行复制，而是借助逆向工程技术抽取零件原型的设计思想，指导新的设计，这是由实物逆向推理出设计思想的一种渐近过程。因此，逆向工程技术在这些领域中也具有重要的应用价值。

（5）在医疗中的应用

逆向工程在医学领域的应用是相对广义而言的，其突破了制造领域的定义而取其原理，同时也结合了快速成型技术、数控加工技术的概念。目前在医学上主要是骨相关的三维建模，具体步骤一般如下：① 给病人做 CT 或 MRI 等影像检查扫描，获得所需解剖部位的影像断层数据。② 对每层医学图像做轮廓化处理，生成边缘轮廓。这一过程可以根据灰度值自动进行，也可人为干预。③ 将处理好的断层轮廓图像按应有间距堆栈，得到所需观察骨骼的三维线框图，假体设计可以依据该线框图进行。④ 将该线框图转化成 STL 文件，即可输入快速成型设备，制作出骨的实体模型。医生和工程师们可以直接利用该模型做出假体设计及其他应用，也可输入 CAD 软件供修改研究。

目前逆向工程的医学应用主要在以下几个方面：① 设计和制作可植入假体，其制作过程为：来源于 CT 的数据转换成 STL 数据；利用 RP 技术制作缺损部位原型；采用硬质石膏、硅橡胶等材料和相关方法翻模；制作熔模并进行熔模铸造制作假体。② 外科手术规划及复杂外科手术教学往往需要在三维模型上进行演练以确保手术的成功。由于有了解剖模型，医生可以有效地与病人沟通，此外医生在手术之前可利用模型进行手术规划，这在很多复杂手术中显得非常重要。同时利用三维模型进行演练教学也是一个重要的发展方向。③ 人体的力学分析研究利用人体骨的三维模型进行，力学分析研究也是当前的一个方向，目的是建立人体的运动力学模型，这对人体仿生、运动功能修复等都有深远意义。

以上应用中以设计和制作可植入假体的应用最为广泛，在关节外科、颌面外科、口腔科、整形外科等都有不同程度的应用；主要满足三类病人的手术需求：骨外伤缺损者、骨手术切除者和先天的畸形。当前的应用有骨盆骨折，髋关节发育异常、无菌坏死，脊柱损伤及先天性和退行性脊柱疾病，头颅整形，颅骨骨结合，颅骨和颌面部肿瘤，鼻修复，先天性和后天性远端尺桡骨端畸形，足畸形等。其中口腔医学的逆向工程应用较成熟，一般结合快速成型技术为口腔医学服务。如术前得到患者颅骨实物，主要技术步骤是首先获得患者 CT 三维数据，由计算机进行三维重建，数据处理后转换为快速成型设备可接受的数据，然后加工。也可用于赝复体的制造。

2. 逆向工程展望

逆向工程的研究已经日益引人注目，在数据处理、曲面片拟合、几何特征识别、商用专业软件和坐标测量机的研究开发上已经取得了很大的成绩。但是在实际应用当中，整个过程仍需要大量的人机交互工作，操作者的经验和素质直接影响着产品的质量，自动重建曲面的光顺性难以保证，下面一些关键技术将是逆向工程主要发展方面。

（1）数据测量方面　发展面向逆向工程的专用测量设备，能够高速、高精度地实现产品几何形状的三维数字化，并能进行自动测量和规划路径。

（2）数据的预处理方面　针对不同种类的测量数据，开发研究一种通用的数据处理软件，完善改进目前的数据处理算法。

（3）曲面拟合　能够控制曲面的光顺性并能够进行光滑拼接。

（4）集成技术　发展包括测量技术、模型重建技术、基于网络的协同设计和数字化制造技术等的逆向工程技术。

项目 1

标准块逆向设计及检测

任务 1
标准块三维数据采集

任务导引

1. 任务描述
使用扫描仪完成给定标准块各面的三维扫描。

2. 任务材料
标准块实物。

3. 任务技术要求
高精度完成给定标准块各面的三维扫描，保存扫描得到的数据为 . asc 格式的文件或者 . ply 格式的文件。

一、知识准备

1. XJTUOM 概述
XJTUOM 工业型光学面扫描系统广泛应用于三维复杂曲面的逆向设计和三维全尺寸检测。

工业面扫描系统用于不规则复杂曲面产品零件的移动便携式三维测量和逆向设计，可以与 XTDP 工业近景三维摄影测量系统配合使用。系统可随意搬至工件位置做现场测量，并可调节成任意角度做全方位测量。对于系统输出的点云文件，可用 Surfacer、Geomagic、Imageware 等专业点云处理软件进行进一步处理。

2. XJTUOM 设备

（1）组成与调整

XJTUOM 工业型光学面扫描系统的硬件组成包括测量头、控制箱和一台高性能计算机，如图 1-1、图 1-2 所示。 其中，测量头集中了左、右相机和投影仪，是实现扫描的硬件核心；三脚架用来固定三维云台和测量头，保证测量时的稳定性；控制箱连接计算机和测量头，实现软硬件控制；系统配套有标准的标定板用于系统标定。

图 1-1
XJTUOM 系统

左相机　　　　投影仪　　　　右相机

图 1-2
测量头结构

（2）云台与测量头连接

按下云台上卡扣的按钮同时转动卡扣，待中螺钉弹出时放置测量头的底部与之对准，然后放开卡扣与云台连接稳固，将云台的三个手柄分别逆时针转动，可调节测量头三个空间方向上的角度，调节好位置后要顺时针拧紧固定，如图1-3所示。

（3）云台与三脚架连接

将云台底部的螺孔与三脚架顶端的螺柱旋紧，即可将云台与三脚架组装在一起，如图1-4所示。

图1-3
云台与测量头连接处

图1-4
云台与三脚架连接示意图

（4）三脚架结构

可以通过调节三个支撑脚的长度或者中心支撑杆的长度控制三脚架高低。三脚架的使用过程中，需要尽量避免脚架腿的伸缩高度不一致。如确实需要这样使用，必须确保三脚架顶部的支撑物重心在脚架三个脚架腿以内，否则三脚架可能会倾倒，如图1-5所示。

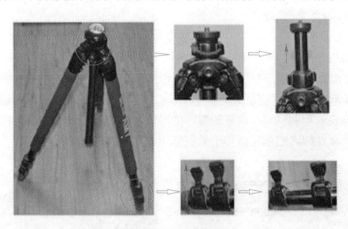

图1-5
三脚架调节示意图

（5）数据格式

系统所有文件数据格式说明见表1-1。

表 1-1　数据格式说明

文件扩展名	文件类型
.om	工程文件
.dat	二进制文件，以二进制保存数据
.asc	点云导出文件，保存点的三维坐标信息
.ply	点云导出文件，保存点的三维坐标信息和法向量
.stl	面片导出文件，包含三角面片信息
.wrl	点云导出文件，保存点的三维坐标信息和点颜色信息

（6）应用领域

逆向设计：快速获取零件的表面点云数据，建立三维数据模型，达到快速设计产品目的。

产品检测：生产线产品质量控制和形位尺寸检测，适合复杂曲面的检测，可以检测铸件、锻件、冲压件、模具、注塑件、木制品等产品。

其他应用：文物扫描和三维显示、医学上牙齿及畸齿矫正、整容及上颌面手术的三维数据采集。

3. 标志点

要完整地扫描一个物体，往往要进行多次、多视角测量，才能获得整体外形的点云。这时就需要进行扫描工程的多视拼接，把不同视角下测得的点云数据转换到同一个统一的坐标系下。

多视角扫描拼接分为手动拼接和自动拼接两种方法。

标志点就是用于多视扫描自动拼接的坐标转换点，它实际上是一些贴在物体表面的圆点。标志点根据测量项目的需求可以制作成白底黑点、黑底白点、中心带十字形或者小圆点等，如图 1-6 所示。

图 1-6
标志点

二、任务实施

1. 扫描工件前期处理

步骤一：拿到工件后首先确认是否需要喷显像剂。玻璃透明工件、黑色物体、反光物体都需要喷显像剂。

步骤二：看工件是否需要贴标志点。能给工件不贴标志点尽量不贴，标志点不能贴成一条直线，不能贴在结构处，尽量贴在大面处。

2. 扫描仪前期准备

设备标定，打开扫描仪软件，打开扫描仪设备，如图1-7所示。

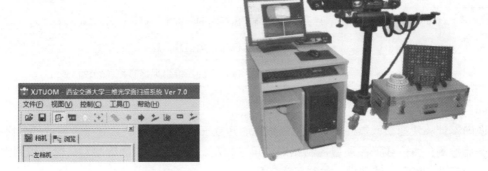

图1-7
前期准备

3. 扫描步骤

步骤一：标定完成后，直接打开软件单击空格键进行扫描。单击"T"键打开白光。扫描第一幅界面显示标志点是绿色时，就可以直接进行扫描，如图1-8所示。

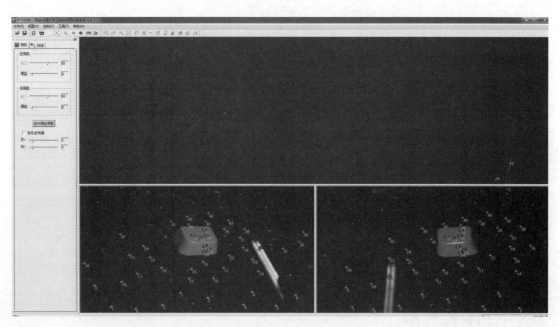

图1-8
步骤一

步骤二：转动转盘一定角度，必须保证与上一步扫描有公共重合部分，这里说的重合是指绿色标志点重合，即上一步和本步骤能够同时看到至少四个标志点（该单目设备为三点拼接，但是建议使用四点拼接），如图 1-9 所示。

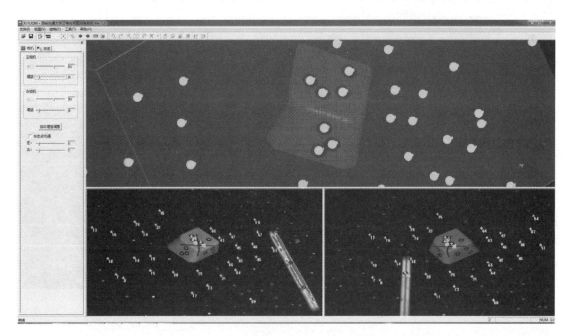

图 1-9
步骤二

步骤三：同步骤二类似，向同一方向继续旋转一定角度扫描，重复操作直至把标准块的上表面数据扫描完成，如图 1-10 所示。

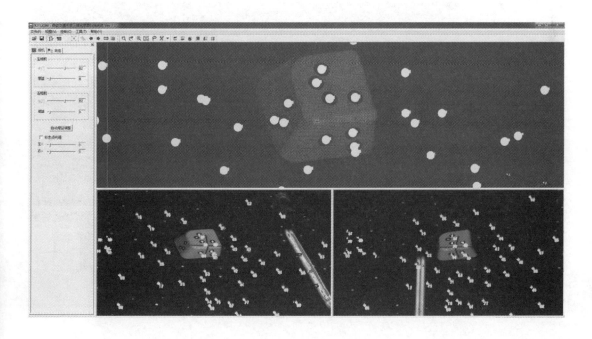

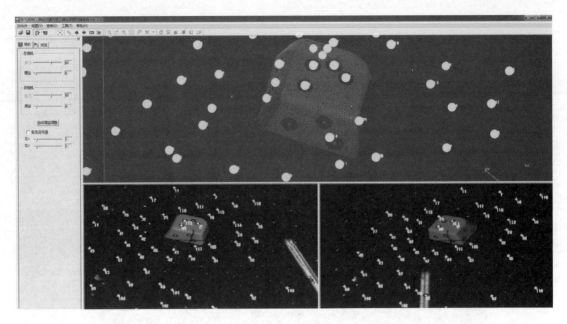

图 1–10
步骤三

　　到此为止，扫描工作完成。在软件中选择"保存所有点云"，将扫描数据另存为 . stl、. ply 或者 . asc 格式文件即可，如图 1–11 所示。

图 1–11
保存所有点云

任务 2
标准块点云数据处理

视频
标准块点云
处理

任务导引

1. 任务描述

使用 Geomagic Wrap 软件对获得的点云进行相应取舍，剔除噪点和冗余点。提交经过取舍后的点云电子文档，提交.stl 格式文件。

2. 任务材料

前一个任务保存为.asc 或者.ply 格式的文件。

3. 任务技术要求

提交的扫描数据与标准三维模型各面数据进行比对，组成面的点基本齐全(以点足以建立面为标准)。

一、知识准备

1. Geomagic Wrap 点云预处理软件介绍

Geomagic Wrap 软件由美国 Raindrop(雨滴)公司出品，该公司于 2013 年被 3D Systems 公司收购。 该软件拥有强大的点云处理能力，能够快速完成点云到三角面片的处理过程；软件简单易学，应用于艺术、医学、玩具、人体等自由曲面的领域。

2. 工作流程

软件工作流程如图 1-12 所示。

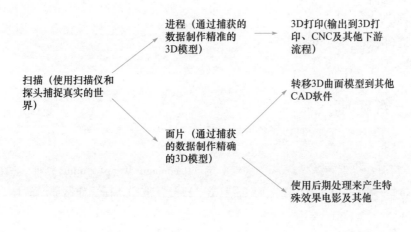

图 1-12
软件工作流程

3. 软件特点

点云处理模块功能强大；软件功能操作便捷，易学易用；具有自动拟合曲面功能，对玩具、艺术类工件优势较大。

4. 软件界面及基本操作介绍

软件界面如图1-13所示，部分快捷操作如下。

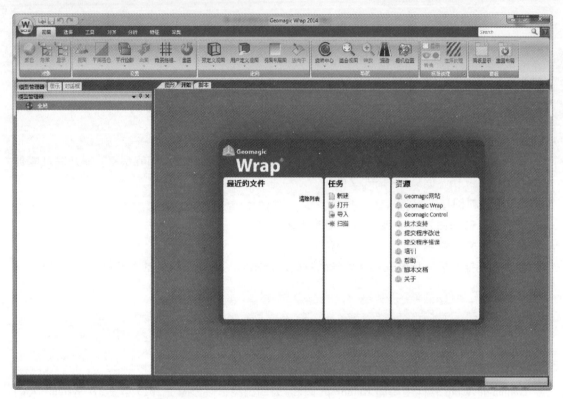

图 1–13
软件界面

左键：选择三角形

Ctrl+左键：取消选择三角形

中键：旋转

Shift+右键（鼠标滚轮）：缩放

Alt+中键：平移

二、任务实施

1. 点云导入

步骤一：打开扫描保存的"1.asc"文件。启动Geomagic Wrap（Studio）软件，选择菜单"文件""导入"命令并选中"1.asc"文件，然后单击"打开"按钮，在工作区显示载体，如图1-14所示。

步骤二：将点云着色。为了更加清晰、方便地观察点云形状，将点云进行着色。选择菜单栏"点""着色点"命令，着色后的视图如图1-15所示。

步骤三：设置旋转中心。 为了更加方便地观察点云，可以进行放大、缩小或旋转，需要设置旋转中心。在操作区域单击鼠标右键，在弹出的快捷菜单中选择"设置旋转中心"命令，在点云适合位置单击即可，如图1–16所示。

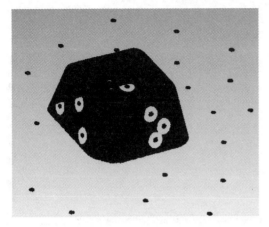

图 1–14
点云导入

图 1–15
点云着色

图 1–16
设置旋转中心

步骤四：选择非连接项。选择菜单栏"点""选择"命令，单击"断开组件连接"按钮，在管理器面板中弹出"选择非连接项"对话框。在"分隔"的下拉列表中选择"低"分隔方式，系统选择在拐角处离主点云很近但又不属于它们一部分的点。"尺寸"为默认值5.0 mm，单击上方的"确定"按钮。点云中的非连接项被选中，并呈现红色，如图1–17所示。选择菜单"点""删除"命令或按下"Delete"键。

步骤五：去除体外孤点。 选择菜单栏"点""选择""体外孤点"命令，在管理面板中弹出"选择体外孤点"对话框，设置"敏感性"值为100，也可以通过单击右侧的两个三角形按钮增加或减少"敏感性"的值。此时体外孤点被选中，呈现红色，如图1–18所示。选择菜单"点""删除"或按"Delete"键来删除选中的点。

注：通过步骤四和步骤五后，若主体外的杂点未完全删除，可以采用手动删除的方法。方法为左键选择主体外杂点，直接按下"Delete"键进行删除。

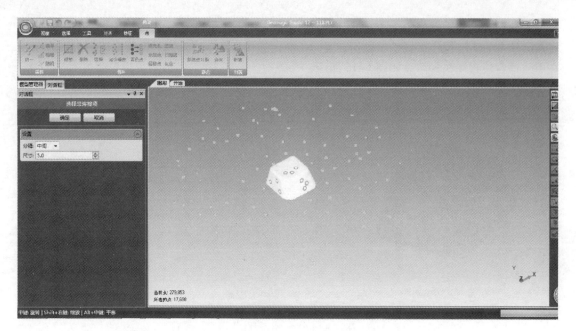

图 1-17
选择非连接项

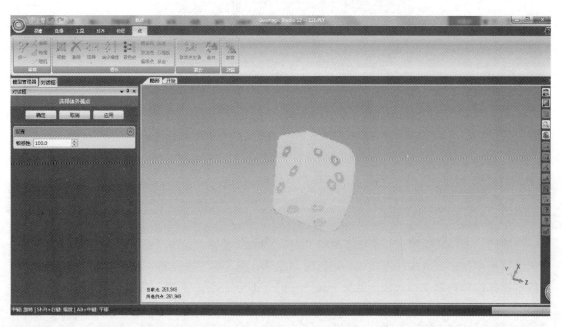

图 1-18
去除体外孤点

　　步骤六：减少噪音。选择菜单栏"点""减少噪音"命令，在管理器模块中弹出"减少噪音"对话框，如图 1-19 所示。选中"棱柱形（积极）"单选按钮，滑动"平滑度水平"滑标到"无"，"迭代"为 5，"偏差限制"为 0.05 mm，结果如图 1-20 所示。

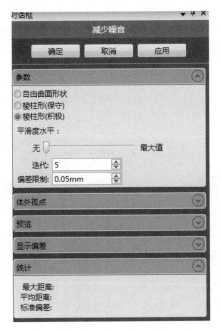

图 1–19
设置界面

图 1–20
减少噪音效果

步骤七：封装数据。选择菜单栏"点""封装"命令，系统弹出"封装"对话框，单击"确定"按钮，系统将围绕点云进行封装计算，将点云数据转换为多边形模型。

2. 多边形修补

选择菜单栏"多边形""全部填充"命令，在模型管理器中弹出对话框，单击"全部填充"按钮，如图 1–21 所示。

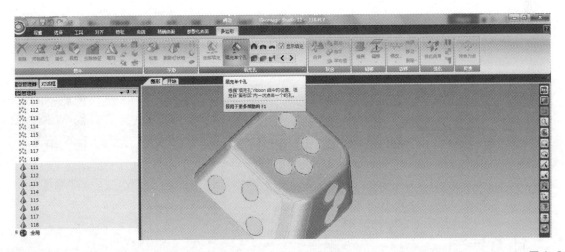

图 1–21
修补多边形

点云文件最终处理效果如图 1–22 所示。具体填充处理步骤可扫描前文"标准块点云处理"二维码进行学习。

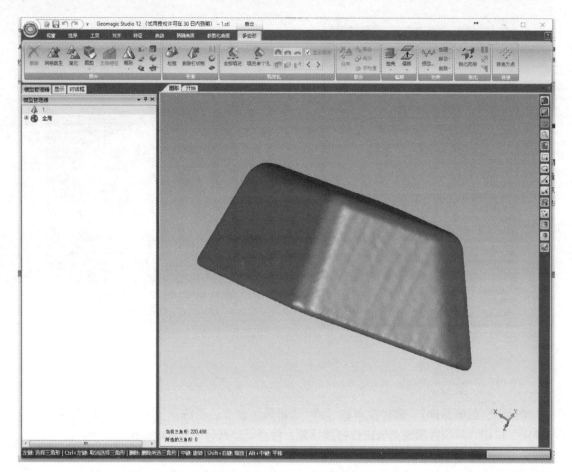

图 1-22
最终处理效果

3. 数据保存

单击左上角软件图标(文件按钮),文件另存为"1. stl"格式文件。

任务 3
标准块三维逆向建模

视频
标准块建模

任务导引

1. 任务描述

使用 Design-X 软件,利用任务 2 得到的 . stl 格式的文件,完成标准块的外观三维建模。

2. 任务材料

任务 2 得到的 . stl 格式的文件。

3. 任务技术要求

面的建模质量好，合理拆分曲面，面与面之间拟合度高，平均误差小于 0.1 mm，不能整体拟合。

一、知识准备

1. Geomagic Design-X 逆向建模软件介绍

Geomagic Design-X（原韩国 Rapidform XOR）软件是全面的逆向工程软件，2013 年公司被 3D Systems 公司收购。该软件结合基于历史树的 CAD 数模和三维扫描数据处理，能创建出可编辑、基于特征的 CAD 数据模型，拥有强大的点云处理能力和正向建模能力，可以与其他三维软件无缝衔接，适合工业零部件的逆向建模工作。

2. 软件界面及基本操作介绍

软件界面如图 1-23 所示，部分快捷操作如下。

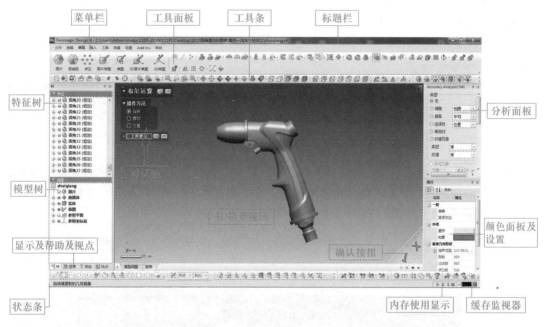

图 1-23
软件界面

左键：选择

右键：旋转

鼠标滚轮：缩放

Ctrl+右键：移动

二、任务实施

1. 创建坐标系

步骤一：导入处理完成的 1. stl 文件。选择菜单栏中的"插入""导入"命令，选择 1. stl 文件，单击"仅导入"按钮，如图 1-24 所示。

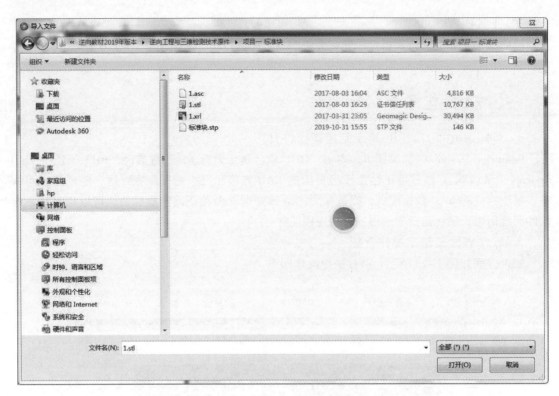

图 1-24
导入 . stl 格式文件

步骤二：单击"参照平面"按钮，方法选择"提取"选项，更改选择模式为"矩形选择模式"。在标准块的上端平面区域选择领域创建参照平面，单击右下角"确认"按钮，即可成功创建一个参照平面1，如图1-25所示。

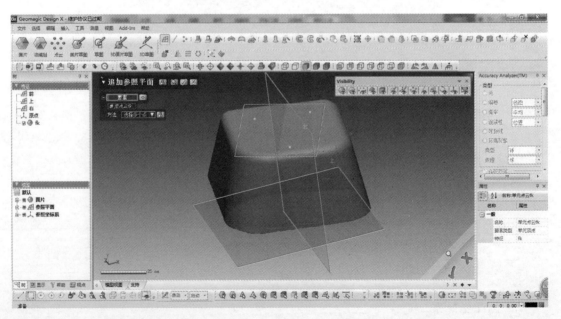

图 1-25
创建参照平面

步骤三：使用同样的创建参照平面方法，在标准块平面处创建参照平面 2 和参照平面 3，如图 1-26 所示。

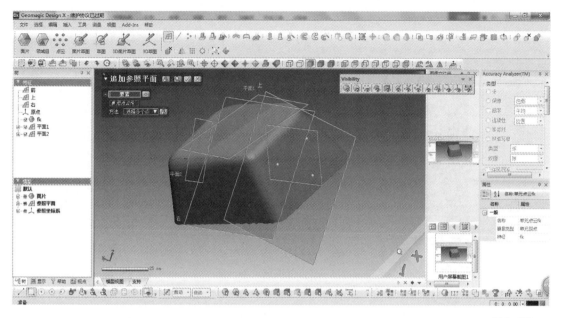

图 1-26
创建多个参照平面

步骤四：单击"参照平面"按钮，方法选择"平均"选项，选择参照平面 2 和参照平面 3 绘制参照平面 4。建立对称平面如图 1-27 所示，用于创建坐标系。

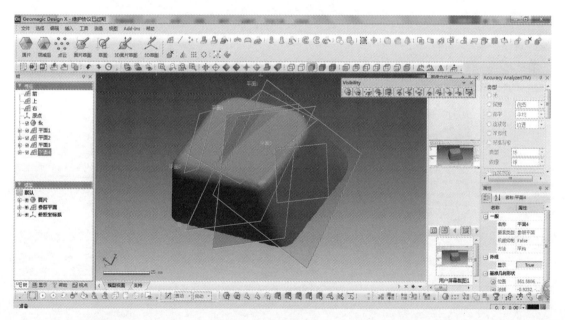

图 1-27
创建对称平面

步骤五：建立坐标系。单击"手动对齐"按钮，选择点云模型，单击"下一阶段"按钮，移动方法选择"X-Y-Z"，Y 轴选择"平面 1"，Z 轴选择"平面 4"。如图 1-28 所示，为参数设置选项，单击左上角、右下方按钮，退出手动对齐模式，坐标系创建完成（用于辅助建立坐标系的参照平面在建立坐标系之后可删除），使用快捷键"Alt+1""Alt+2"等确认是否对齐。

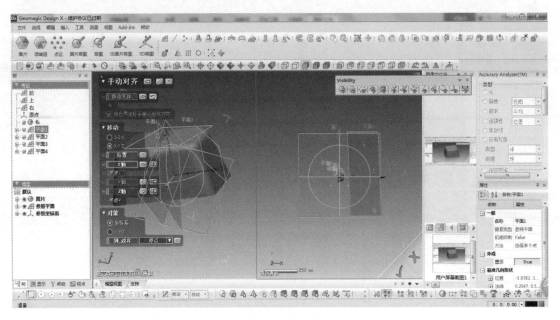

图 1-28
建立坐标系

2. 三维建模

步骤一：单击"领域组"按钮，敏感度设置为 65，自动划分领域组，如图 1-29 所示。

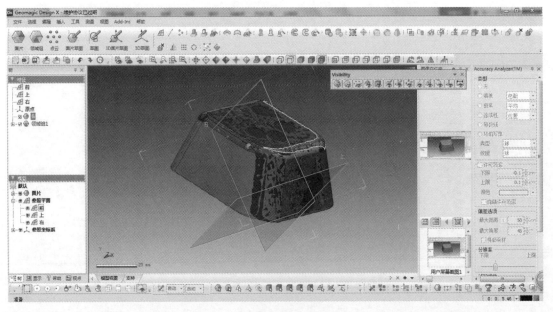

图 1-29
划分领域组

步骤二：单击"面片拟合"按钮，自动拟合六个平面，参数选择默认值。拟合每个平面时，单击"预览"，选择"上面体偏差"，观察体偏差的颜色，拟合部分绿色表示偏差在正常范围。

拖动面片周边的小球放大拟合后的平面，以便进行下一步的修剪操作。如图 1-30 所示。

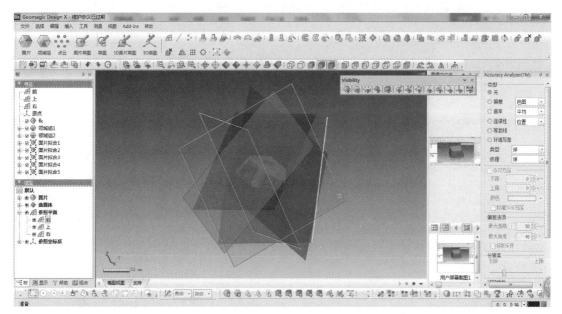

图 1-30
面片拟合

步骤三：单击"剪切"按钮，选择六个拟合好的平面，互相修剪，点下一阶段后，选择要留下的面，如图 1-31 所示。形成的体特征如图 1-32 所示。

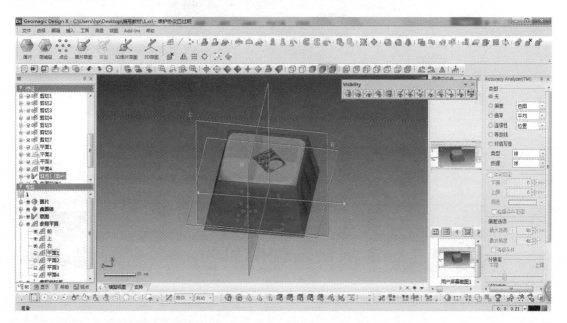

图 1-31
互相修剪

步骤四：对各个面进行倒圆角操作，单击"倒圆角"按钮，进行侧边缘倒角，如图 1-33 所示。倒角时需根据体偏差进行估算，然后根据估算值进行圆整后，对比体偏差，观察颜色确定圆角值最小。具体过程可扫描前文"标准块建模"二维码进行学习。

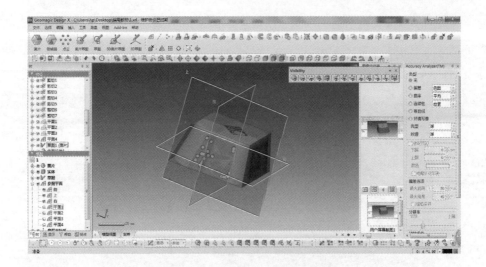

图 1-32
形成体特征

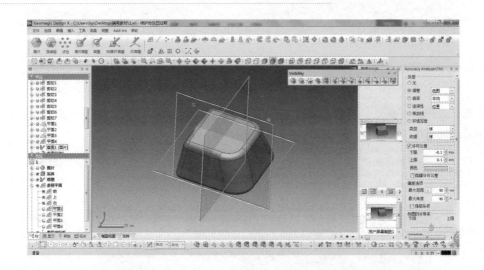

图 1-33
倒角处理

任务 4
标准块误差检测分析

视频
标准块检测

任务导引

1. 任务描述

应用 Geomagic Control 软件将逆向建模得到的 CAD 模型和原始点云数据进行误差比对。

2. 任务材料

任务 2 中经过降噪处理的点云数据和任务 3 中逆向建模得到的 CAD 模型。

3. 任务技术要求

两数据模型对齐时不能出现明显错位，平均误差和均方差要在合理范围内，保证最终分析结果的可靠性。

一、知识准备

1. 三维检测技术

（1）三维检测技术简介

三维检测是一种产品三维尺寸的测量技术，主要用于对物体的三维外形和结构进行扫描，以获得物体表面的空间坐标。它的重要意义在于能够将实物的外形结构信息转换为计算机直接处理的数字信号，为实物数字化提供了相当方便、快捷的途径。它的基本原理是将产品扫描得到的 .stl 格式三维数据文件导入检测软件 Geomagic Control，把得到的 3D 点云与其 3D 数模进行比对，生成彩色偏差云图（如图 1–34 所示）和检测报告，来显示两者的差异，同时还能捕捉并体现表面的形位偏差。这种三维检测技术已逐步为制造业界所接受。

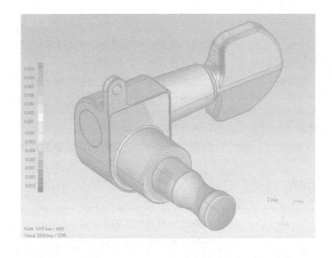

图 1–34
彩色偏差云图

随着汽车、船舶、航空航天和模具工业的快速发展，市场对产品外观、性能等方面的要求越来越高，使得自由曲面零件在现代工业中得到了越来越广泛的应用。在产品和模具开发过程中，设计常常不是从已知的图纸或理论数据开始，而是直接以实物样件作为设计依据或参考模型。借助三维测量设备，从实物模型获取数据，采用数字造型技术得到数学模型以便于进行修改，通过 CNC 技术生产产品或开发制造模具。由于计算机技术在制造领域的广泛应用，特别是数字化测量技术的发展，基于测量数据的产品造型技术成为逆向工程技术关注的重要对象。

（2）基本概念

① 参考模型：用户根据自己需要设计的产品的计算机模型。

② 测试模型：通过扫描得到的实际产品模型，与参考模型之间有细微差别。

③ 对齐方式：将参考模型与测试模型放置到相同坐标系下相同位置。

④ 3D 比较：将测试模型与参考模型进行三维比较，通过彩色偏差云图显示出测试模型与参考模型之间的偏差。

⑤ 2D 比较：将测试模型与参考模型的横截面进行比较，通过偏差图显示出测试模型与参考模型横截面之间的偏差。

⑥ 自动生成报告：从对齐到分析，以及报告生成的过程完全自动化。在有多个测试模型要与同一参考模型进行比较的情况下非常方便。

（3）检测流程

检测流程见表1-2和图1-35。

表1-2　检测流程

序号	操作	方法
1	加载数据	输入点或多边形数据作为测试对象。 输入 CAD 数据作为参考对象。 若有必要，过滤或编辑测试对象
2	创建特征	若有必要，创建特征
3	对齐测试对象和参考对象	使用如下对齐方法：最佳拟合、特征、RPS、3-2-1。 若有必要，可保存变换矩阵
4	对测试对象和参考对象进行 3D 分析	生成一个彩色的偏差图（结果对象）。 被定义特征的 3D 尺寸标注。 对那些具有弹性或内含缺口的钣金件的边界比较。 手工创建注释或由已保存的位置集自动放置注释
5	形位公差分析——创建 GD&T 标注	在参考对象上定义几何公差。 用定义的几何公差要求来评估测试对象
6	2D 比较	横截面的 2D 尺寸标注。 横截面的偏差图
7	生成检测报告	选择输出格式（HTML, PDF, Word, Excel, XPS）。 保存选项为模板以便再使用
8	运行"自动化"命令	用新的扫描数据替换测试对象。 运行"自动化"命令，生成一个基于新扫描数据的检测报告

2. Geomagic Control 三维检测软件介绍

Geomagic Control 是 Geomagic 公司出品的一款逆向检测软件，使用 Geomagic Control 软件可以快速检测产品的计算机辅助设计（CAD）模型和产品的制造件之间的差异。Geomagic Control 软件可与 CAD 软件的计算机模型数据兼容，以直观易懂的图形比较结果来显示两者的差异，可以应用于产品的首件检验、生产线上或是车间内检验、趋势分析、二维和三维几何形状尺寸标注，并可自动生成格式化的报告。目前，该软件在汽车检测行业、锻造、铸造领域取得了广泛的应用。

（1）软件界面和基本操作介绍

1）主界面。该软件主界面的组成如图1-36所示。

Geomagic 按钮：集成了该软件的一些重要命令。

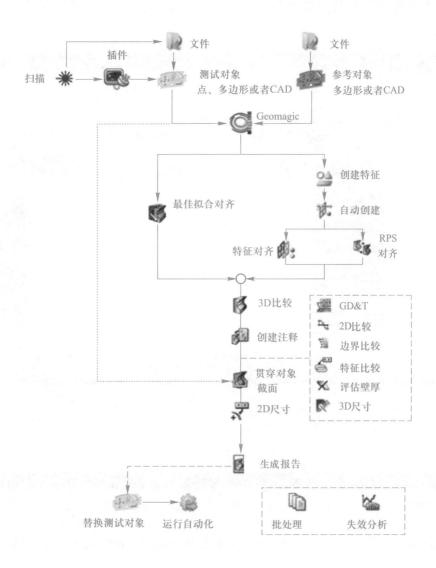

图 1–35
检测流程图

快速访问工具栏：可执行快捷命令，提高执行效率。

选项卡：根据命令类别设置的不同命令组的集合。

命令组：相似命令集合在一起，方便查找。

面板窗口：命令参数调整区域。

图形区域：数据操作和显示区域。

状态栏：查看执行状态。

进度栏：查看命令执行进度。

2）特征对象。创建的特征可以应用于各种操作，如对齐、尺寸分析和比较。可以分别在参考（REF）和测试（TEST）对象上创建各种特征。创建特征有两种方式：自动创建和手动创建。在有足够扫描数据的前提下，也可以把在参考对象上创建的特征自动地创建在测试对象上。在检测过程中，建议尽可能早地定义好所有的特征。

可以创建的特征有点、直线、圆、矩形、平面、圆柱体、圆锥体、球体等，如图 1–37 所示。

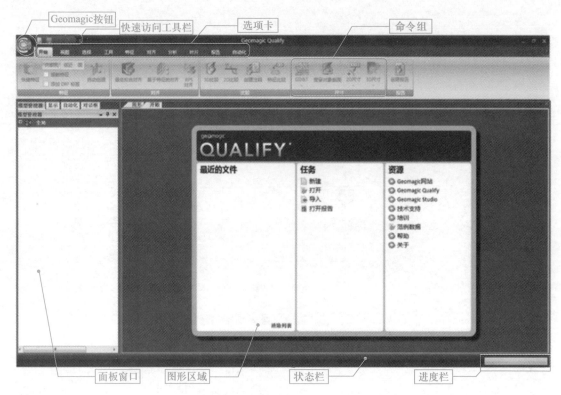

图 1-36
软件主界面

图 1-37
可创建的特征

3）对齐。分析之前，必须将测试对象对齐到参考对象上。选择不同的对齐方法将会对后面的分析结果有影响，因此选择最适合的对齐方式，对于要执行的检测类型是非常重要的，对齐方式见表 1-3。

表 1-3　对　齐　方　式

对齐方式	图标	说明
最佳拟合对齐	最佳拟合对齐	不要求用户定义的特征；软件在两个对象间自动最佳拟合；较适合于不规则形状的模型
基于特征对齐	基于特征对齐	使用一系列用户定义特征，如平面、轴、点、圆柱、槽、孔、面和边；然后匹配或配对这些特征执行对齐；这种类型较适合于形状规则的模型

对齐方式	图标	说明
RPS 对齐	 RPS对齐	参考点系统，模拟一个真实的夹具在指定的方向上约束特征
基于特征与最佳拟合对齐	无	定义一个或两个特征进行部分约束，然后让软件来最佳拟合，约束剩下的自由度

一旦两个模型对齐，就可执行 3D 比较，进入分析阶段。

4）3D 分析。 将测试对象对齐到参考对象后，在量化两者间的偏差结果上，Geomagic Control 软件提供了许多方法。3D 比较以结果对象的形式创建了彩色偏差云图。结果对象是参考对象的复制，包含了许多彩色区域。测试点被投影到结果对象的曲面上，它们的偏差量以不同颜色的色谱显示。创建它之前，能控制结果对象的显示分辨率，产生或多或少的颜色区域。较高的分辨率将显示更多的颜色。使用创建注释命令，能查询在结果对象上的指定点并添加注释或标记，这些注释或标记列出了测试对象和参考对象间的偏差和指定点的坐标值，如图 1–38 所示。

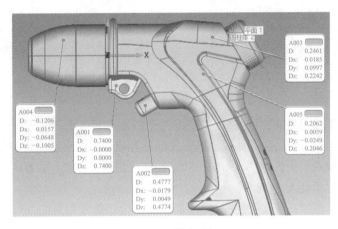

图 1–38
三维检测软件生成的彩色偏差云图及关键点区域的偏差注释

（2）软件中的鼠标操作

左键：选定当前模型

中键：旋转模型

左键+Ctrl：取消当前模型的选定

右键+Ctrl：旋转模型

右键+Alt：平移模型

右键+Shift：放大或缩小模型

二、任务实施

1. 打开/导入点云数据文件和 CAD 模型文件并设置属性

步骤一：导入两份数据文件。打开 Geomagic Control 软件，单击左上角软件 Geomagic 按钮，在弹出的菜单栏中选择"打开"或"导入"命令，打开或导入之前修改过的点云文件"Standard_Block_Cloud. asc"。注意采样比率应根据计算机的配置情况和精度要求选择，本例选择100%，数据单位选择常用国际单位"毫米"。

随后，导入依据点云数据建立的模型文件"Standard_Block_CAD. stp"。

步骤二：设置两份数据属性。软件系统将默认点云数据为 TEST 属性，即测试对象；CAD 模型默认为 REF 属性，即参考对象，如图1-39所示。

若属性错误或属性不慎被删除，则可用鼠标右键单击模型管理器中的点云数据和 CAD 模型，在弹出菜单中分别选择"设置 Test"和"设置 Reference"命令，如图1-40所示。

图1-39
两份数据的正确属性状态

图1-40
手动设置属性

本次分析的目的是确定建立的 CAD 模型相对于原始点云数据的误差，该软件只有把点云设置成测试对象，才能进行后续的比较，若设置成参考对象是无法正常比对的。但是需注意，两份数据不管谁是参考对象谁是测试对象，对比的最终结果都一致，但方向相反。

2. 对齐测试对象和参考对象

步骤一：建立几何特征。通过在两个数据模型上分别建立对应的几何特征来对齐两个数据模型。

首先在模型管理器中单击 CAD 模型，然后选择"开始"选项卡中的"快捷特征"命令，在标准块上建立平面1、平面2和平面3三个几何特征，如图1-41所示，完成几何特征建立后再次选择"快捷特征"命令，完成该操作。

在点云模型上相同位置建立相对应的特征，以便于两模型的对齐比较。这里采用自动创建的方式完成。选择"开始"选项卡的"自动创建"命令，通过拟合的方式自动创建对应的特征。注意勾选"进行一致性对齐（最佳拟合）"复选框，就会成功拟合平面1、平面2和平面3三个平面，与 CAD 模型上创建的3个平面一一对应，如图1-42所示。

步骤二：对齐点云数据模型和 CAD 模型。单击"基于特征对齐"按钮，在弹出对话框中，创建3个特征对，分别为"A：平面1 & A：平面1""B：平面2 & B：平面2""C：平面3 & C：平面3"，观察视图区两数据模型的对齐情况，查看偏差非常小时，单击"确定"按钮完成对齐，如图1-43所示。

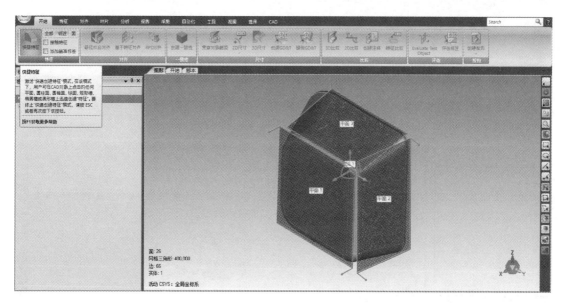

图 1-41
在 CAD 模型上创建三个平面特征

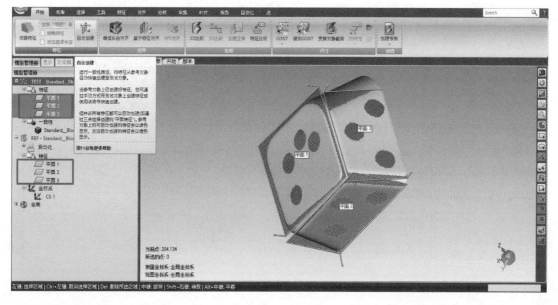

图 1-42
在点云数据上自动拟合出三个平面特征

3. 对测试对象进行 3D 分析

选择"开始"选项卡中的"3D 比较"命令,在弹出的对话框中,单击"应用"按钮,则比较结果以彩色偏差云图的形式显示出来,如图 1-44 所示。偏差值最大的位置用红色和蓝色表示,偏差值最小的位置用青色表示,一般偏差数值越大颜色越深,偏置数值越小颜色越浅。可以在左侧对话框的色谱栏中调整最大临界值、最大名义值和颜色段等。最大偏差和标准偏差等重要数值可以在统计栏中查看。

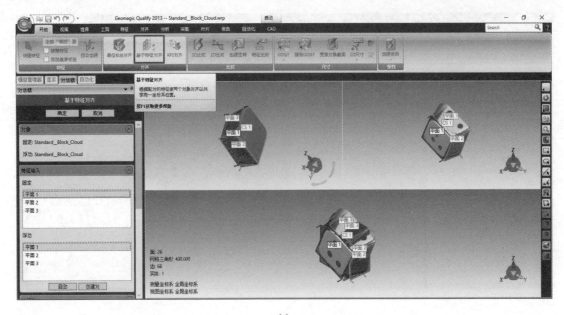

(a)

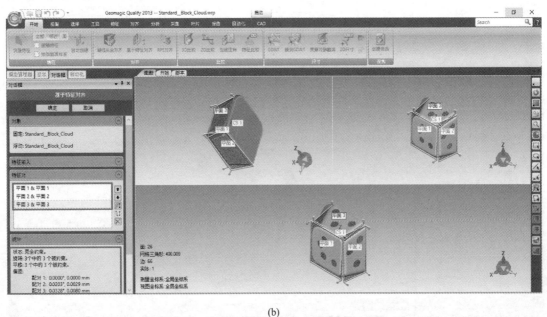

(b)

图 1-43
对齐参考对象和测试对象

通过 3D 比较，可以直观地查看扫描数据的误差大小或逆向建模后的 CAD 模型与原模型的各对应位置的误差大小。

4. 创建注释

要获取点云某位置的误差，选择"开始"选项卡中的"创建注释"命令，单击彩色偏差云图的该位置并拖动一下，就会显示该位置的总偏差和 X、Y、Z 三个方向的偏差，如图 1-45所示。

测量的某位置偏差实际上是一个圆形范围，可以通过改变左侧对话框的偏差半径大小改变该范围大小。

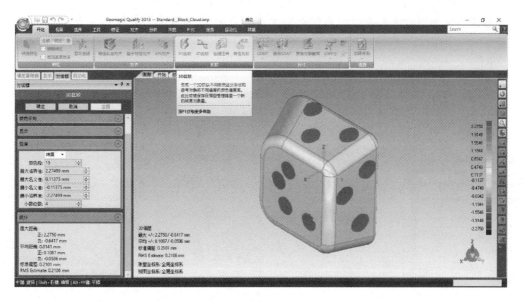

图 1-44
3D 比较

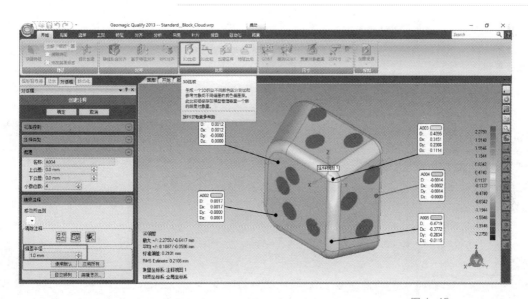

图 1-45
在 3D 彩色偏差云图上添加注释

选中要编辑的注释，单击左侧对话框最下面的"编辑显示"按钮，弹出如图 1-46 所示的对话框，可以增加和减少注释的显示项。

单击对话框中的"保存"按钮，保存的注释及视图就会保存在模型管理器结果树下的注释视图中，以备查看。

5. 2D 比较

步骤一：选取截面创建 2D 比较。选择"开始"选项卡中的"2D 比较"命令，在弹出的对话框中，确定需要测量的截面位置，本例选取与全局坐标系的 *YZ* 平面平行，*X* 方向的位置为 5 mm 的平面，如图 1-47 所示。单击"计算"按钮后得到的截面 2D 比较彩色偏差图的正视图如图 1-48 所

图 1-46
编辑显示项

示，可以适当增大缩放比例来更明显的查看误差的分布（如图1-49所示），最后单击"保存"按钮。

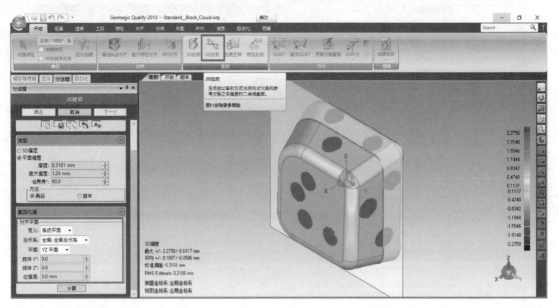

图 1-47
2D 比较截取平面

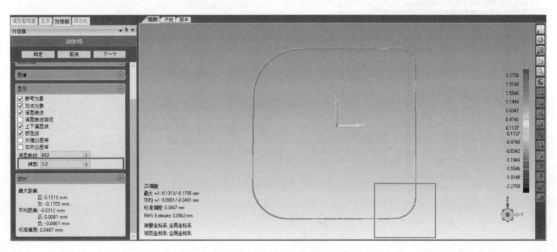

图 1-48
2D 比较彩色偏差图

步骤二：为 2D 比较添加注释。

创建完 2D 比较视图后，也可以在其上添加注释。方法如下：在左侧模型管理器中选择之前创建完成的"2D 比较 1"选项，如图 1-50 所示。右侧工作区就会显示出 2D 彩色偏差图，选择"开始"选项卡"创建注释"命令，选中需添加注释的位置并拖拽就可以像在 3D 比较视图中一样创建注释，创建完成的视图如图 1-51 所示。

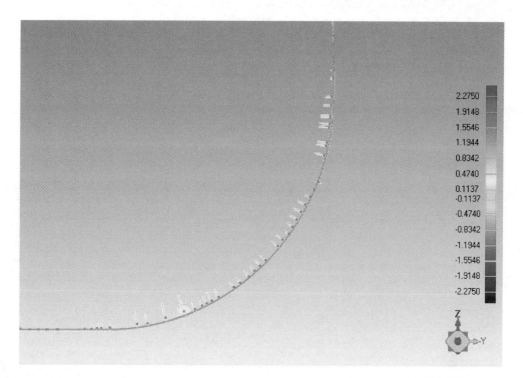

图 1-49
局部放大图(偏差放大 5 倍)

图 1-50
模型管理器中找到 2D 比较视图

6. 截取横截面并标注尺寸

步骤一：截取横截面。 选择"开始"选项卡中的"贯穿对象截面"命令，在左侧弹出的对话框中选择截面位置，本例选择全局坐标系的 YZ 平面，位置度仍然为 5 mm。单击"计算"按钮后显示截取的横截面，而后保存，则在 CAD 模型树和点云模型树中同时产生一个横截面"Section A-A"，如图 1-52 所示。

步骤二：标注尺寸。 选择"开始"选项卡中的"2D 尺寸"命令，用于创建 2D 尺寸标注。

模式选择"尺寸"，尺寸类型选择"半径"，拾取源选择"TEST"，拾取方法选择"最佳拟合"，选择圆角处点云，可以得到圆角处的半径尺寸，如图 1-53 所示。还可以创建点到直线的距离、圆心到直线的尺寸标注等。

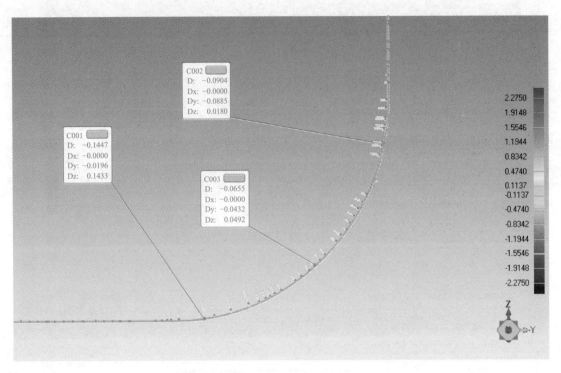

图 1-51
为 2D 分析添加注释

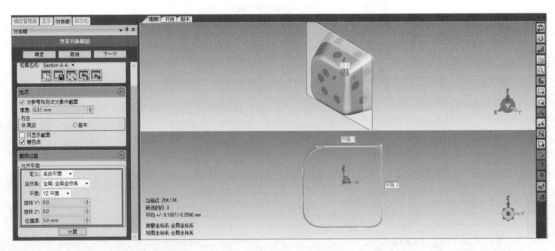

图 1-52
截取横截面

上面只讲述了点云之间的尺寸标注，用类似的方法还可以创建 CAD 模型特征与点云之间的几何尺寸标注等，如图 1-54 所示。

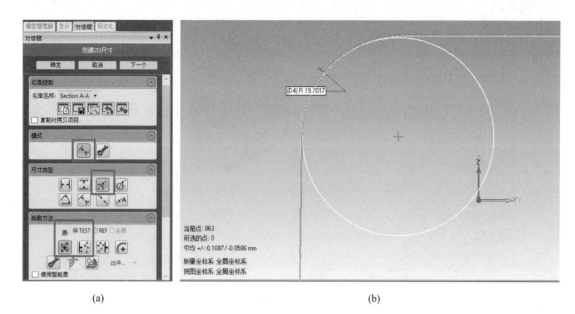

(a)   (b)

图 1-53
标注半径尺寸

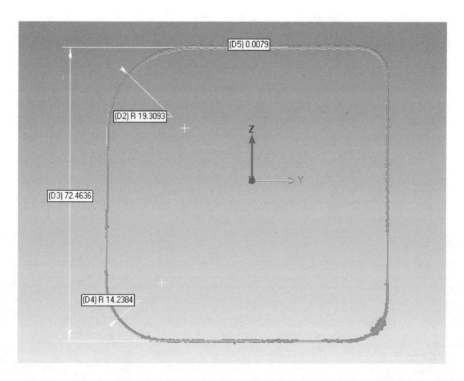

图 1-54
标注线性尺寸

7. 生成检测报告

选择"报告"选项卡中的"创建报告"命令，勾选"PDF"复选框，生成一个 .pdf 格式的
文件，该文件中包含了创建的比较、注释、尺寸等，如图 1-55 所示。

(a)   (b)

图 1-55
.pdf 格式的检测报告文件

项目 2

异形零件逆向设计及检测

任务 1
异形零件三维数据采集

任务导引

1. 任务描述

使用扫描仪完成给定异形零件各面的三维扫描。

2. 任务材料

异形零件实物。

3. 任务技术要求

高精度完成给定异形零件各面的三维扫描，保存扫描得到的数据为 . asc 格式的文件或者 . ply 格式的文件。

一、知识准备

为了更方便、更快捷地扫描，使用辅助工具（转盘）来对异形零件（如图 2-1a 所示）进行拼接扫描。辅助工具能够节省扫描的时间，同时也可以减少贴点的数量。首先，在转盘上粘贴一些呈不规则排列的标志点，如图 2-1b 所示；然后把零件放置在转盘的中间位置，在扫描过程中不断旋转转盘，完成扫描数据的拼接。

(a)

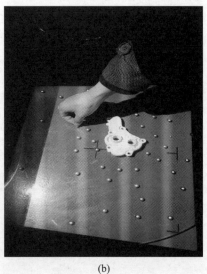
(b)

图 2-1
转盘上贴标定点

二、任务实施

扫描步骤

步骤一：新建工程，给工程命名为例如"yixing"，将零件放置在转盘上，确定转盘和零件在十字中间，尝试旋转转盘一周，在软件上方的实时显示区域内观察，以保证能够扫描到整体；观察实时显示区域处零件的亮度，通过软件中设置相机曝光值来调整亮度；并且检查扫描仪到被扫描物体的距离，此距离可以依据软件右侧实时显示区域的白色十字与黑色十字重合进行确定，重合时的距离约为 600 mm，此高度点云提取质量最好。如图 2-2 所示红色标示位置，所有参数调整好即可单击"扫描操作"按钮，开始第一次扫描。

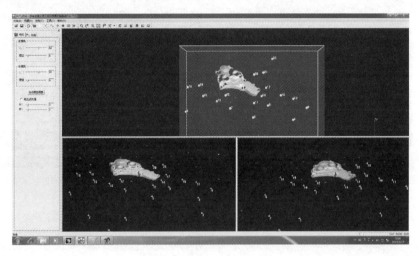

图 2-2
第一次扫描

步骤二：转动转盘一定角度，必须保证与上一步扫描有公共重合部分，这里说的重合是指绿色标志点重合，即上一步骤和本步骤能够同时看到至少四个标志点（本单目设备为三点拼接，但是建议使用四点拼接），如图 2-3 所示。

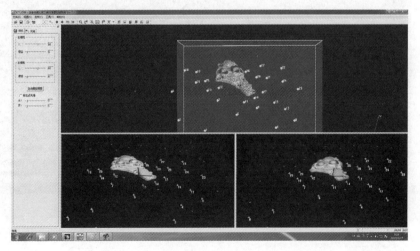

图 2-3
第二次扫描

步骤三：同步骤二类似，向同一方向继续旋转一定角度扫描，重复操作直至把异形零件的上表面数据全部扫描完成，如图 2-4 ~ 图 2-6 所示。

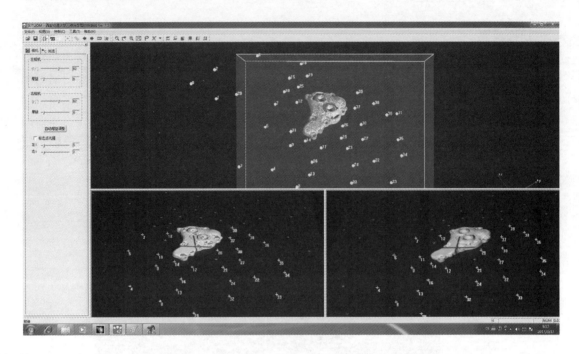

图 2-4
第三次扫描

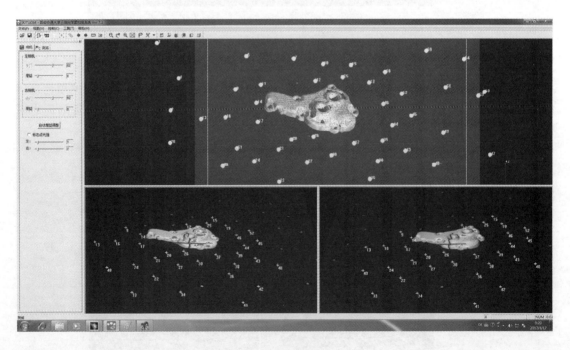

图 2-5
第四次扫描

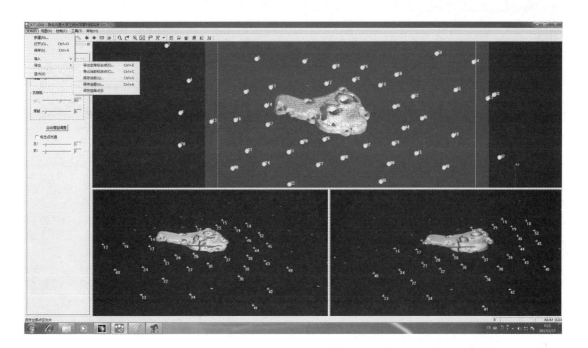

图 2-6
扫描完成

　　到此为止，扫描工作完成。在软件中选择"保存所有点云"，将扫描数据另存为.ply 或者 .asc 格式的文件即可，如图 2-7 所示。

图 2-7
模型导出

任务2
异形零件点云数据处理

视频
异形件点云
处理

任务导引

1. 任务描述

使用 Geomagic Wrap 软件对获得的点云进行相应取舍，剔除噪点和冗余点。提交经过取舍后的点云电子文档，保存为.stl 格式的文件。

2. 任务材料

前一个任务保存的 .asc 或者 .ply 格式的文件。

3. 任务技术要求

提交的扫描数据与标准三维模型各面数据进行比对，组成面的点基本齐全(以点足以建立曲面为标准)。

任务实施

1. 点云导入

步骤一：打开扫描保存的"yixing.ply"或"yixing.asc"文件。启动 Geomagic Wrap 软件，选择菜单"文件""打开"命令或单击工具栏上的"打开"图标，系统弹出"打开文件"对话框，查找零件数据文件并选中"yixing.ply"文件，然后单击"打开"，在工作区显示载体如图 2-8 所示。

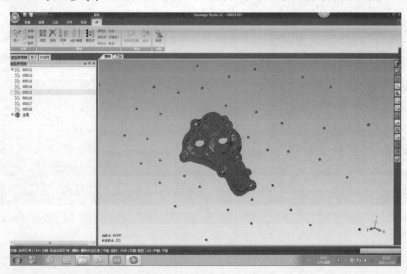

图 2-8
点云导入

步骤二：将点云着色。 为了更加清晰、方便地观察点云形状，将点云进行着色。选择菜单栏"点""着色点"命令，着色后的视图如图2-9所示。

图 2-9
点云着色

步骤三：设置旋转中心。 为了更加方便的观察点云，可以进行放大、缩小或旋转，需要设置旋转中心。在操作区域单击鼠标右键，在弹出的快捷菜单中选择"设置旋转中心"命令，在点云适合位置单击即可。

步骤四：选择非连接项。 选择菜单栏"点""选择"命令断开组件连接按钮，在管理面板中弹出"选择非连接项"对话框。在"分隔"的下拉列表中选择"低"分隔方式，这样系统会选择在拐角处离主点云很近但不属于它们一部分的点。"尺寸"为默认值5.0 mm，单击上方的"确定"按钮。点云中的非连接项被选中，并呈现红色，如图2-10a所示。选择菜单"点""删除"命令或按下"Delete"键，将红色非连接部分点云删除，结果如图2-10b所示。

(a) 选中非连接项　　　　　　　　　　　　　　(b) 删除后

图 2-10
选中非连接项并删除后

步骤五：去除体外孤点。 选择菜单栏"点""选择""体外孤点"命令，在管理面板中弹出"选择体外孤点"对话框，设置"敏感性"的参数值为100，也可以通过单击右侧的两个三角形按钮增加或减少"敏感性"的值。此时体外孤点被选中，呈现红色，如图2-11a所示。选择菜单栏"点""删除"或按"Delete"键来删除选中的点，如图2-11b所示。

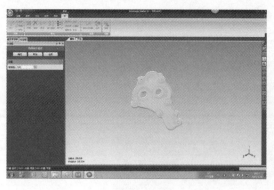

| (a) 选中体外孤点 | (b) 去除体外孤点 |

图 2-11
选中体外孤点并去除体外孤点

步骤六：减少噪音。 该命令目的是将点调整至统计的正确位置以弥补扫描仪误差（噪音），这样点的排列更平滑。选择菜单栏"点""减少噪音"命令，在管理面板中弹出"减少噪音"对话框，选择"棱柱形（积极）"，设置"迭代"的参数值为 3，设置"偏差限制"的参数值为 6.8085，单击"确定"按钮，完成减少噪音，结果如图 2-12 所示。

| (a) 减少噪音前 | (b) 减少噪音后 |

图 2-12
减少噪音前后

步骤七：封装数据。 该命令目的是将点云转为网格以将点对象转成多边形对象。选择菜单栏"点""封装"命令，弹出"封装"对话框，其他选择默认值，单击"确定"按钮，完成封装，结果如图 2-13 所示。

2. 多边形修补

步骤一：删除钉状物。 选择菜单栏"多边形""删除钉状物"命令，在模型面板中弹出"删除钉状物"对话框。"平滑级别"选择中间位置，单击"应用"按钮，如图 2-14 所示。

步骤二：填充单个孔。 如果修补过程中出现如图 2-15 所示状况，选择菜单栏"多边形""填充单个孔"命令，可以根据孔的类型搭配选择不同的方法进行填充，以下为三种不同的方法。

全部：指定填充一个完整开口，单击要填充的孔边缘。

部分：指定填充部分孔。在孔边缘上单击一点以指定起始位置，在孔边缘上单击另一点以指定局部填充的边界，在边界线的一侧或另一侧再次单击指定要填充的是左面还是右面。

桥梁：指定一个通过孔的桥梁，以将孔分成可分别填充的孔。使用该功能将复杂的孔分为更小的孔，以更准确地进行填充。在孔边缘上单击一点，将其拖至边缘上的另一点然后松开以创建桥梁的一端。重复操作以建立桥梁的另一端，当再次松开鼠标按键时，桥梁就出现了。

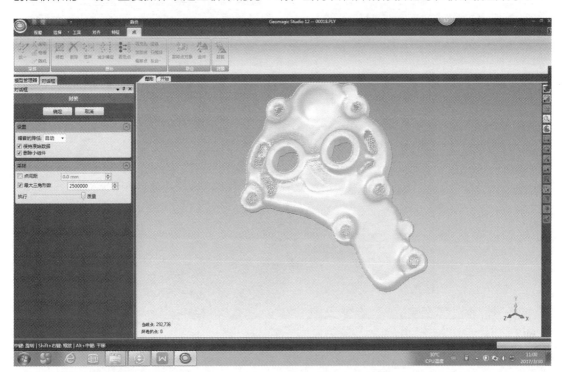

图 2-13
封装数据

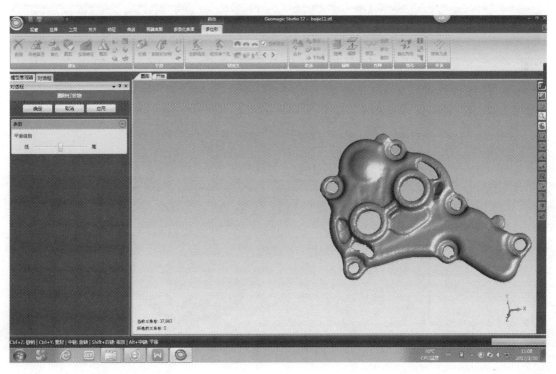

图 2-14
删除钉状物

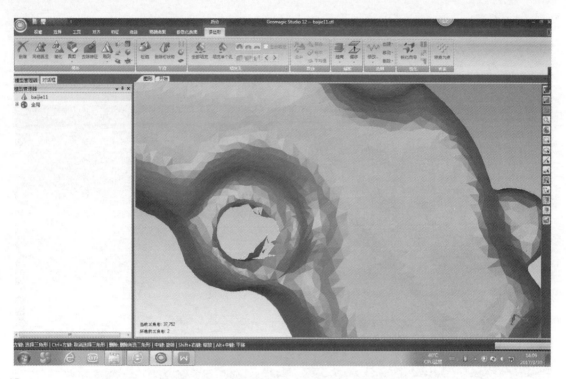

图 2-15
需修补部位

处理过程如图 2-16 所示，处理后效果如图 2-17 所示。

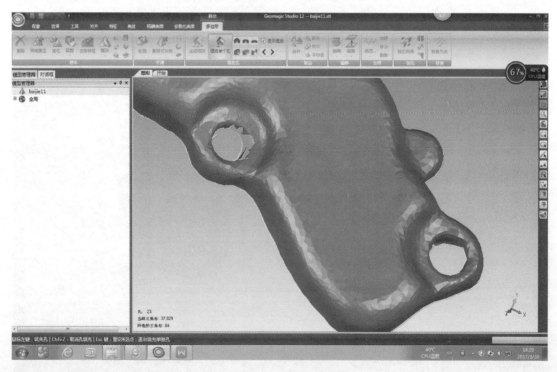

图 2-16
桥梁法处理过程

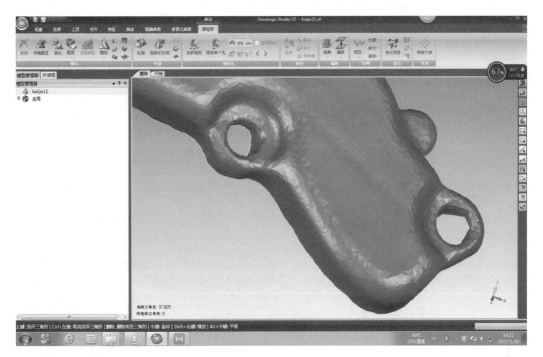

图 2-17
处理后效果

步骤三：去除特征。 该命令用于删除模型中不规则的三角形区域，并且插入一个更有秩序且与周边三角形连接更好的多边形网格。但必须先用手动选择的方式选择需要去除特征的区域，然后选择"多边形""去除特征"命令，如图 2-18、图 2-19 所示。

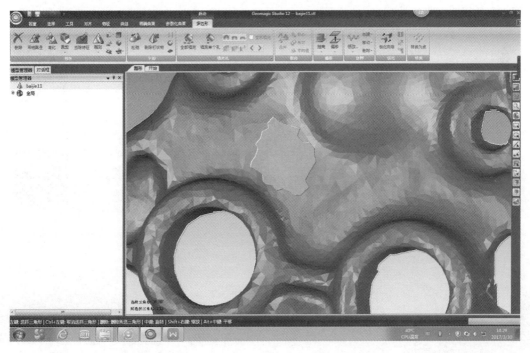

图 2-18
去除特征前

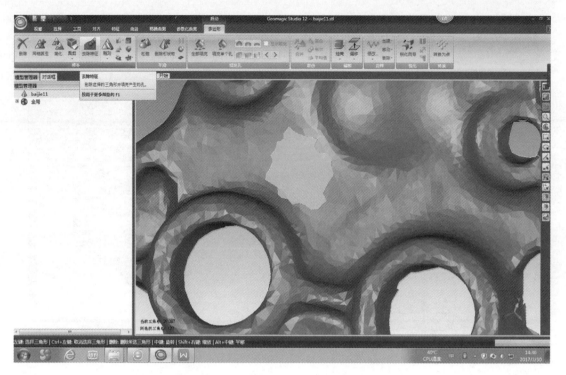

图 2-19
去除特征后

3. 数据保存

重复前面的步骤直至完成全部数据处理工作。在软件中选择"另存为"命令，将扫描数据另存为 . stl 格式文件即可。

任务 3
异形零件三维逆向建模

视频
异形件建模 1

视频
异形件建模 2

任务导引

1. 任务描述

使用 Design-X 软件，完成异形零件的外观三维建模。

2. 任务材料

任务 2 得到 . stl 格式的文件。

3. 任务技术要求

面的建模质量好，合理拆分曲面，面与面之间拟合度高，平均误差小于 0. 1 mm，不能整体拟合。

任务实施

1. 创建坐标系

步骤一：导入处理完成的"yixing. stl"数据文件，选择菜单栏"插入""导入"命令，选择"yixing. stl"文件，单击"仅导入"按钮，如图 2-20 所示。

图 2-20
导入 . stl 格式文件

步骤二：单击"平面"按钮，方法选择"提取"，更改选择模式为"矩形选择模式"，在零件的底端平面区域选择领域创建参照平面，单击右下角确认操作，即可成功创建一个参照平面 1，如图 2-21 所示。

(a) 单击"参照平面"按钮

(b) 单改"矩形选择模式"

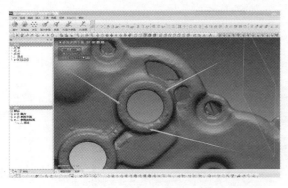

(c) 选择三个点	(d) 单击右下角确认

图 2-21
领域组划分步骤一

步骤三：使用同样的创建参照平面方法，选择添加基准平面，选择偏移基准平面，向上偏移 20 mm，生成基准平面 2，如图 2-22 所示。单击"面片草图"，选择平面 2，向上 16 mm 截

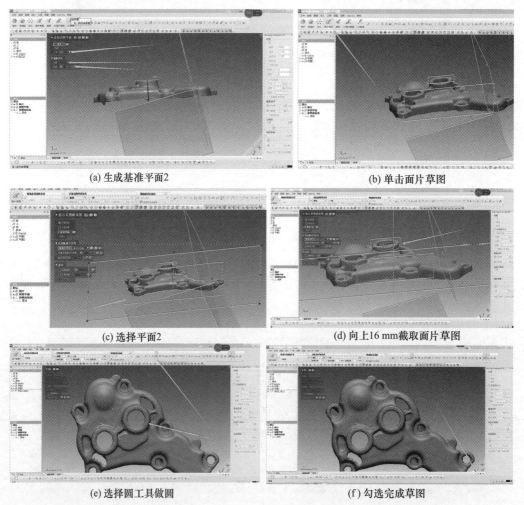

(a) 生成基准平面2	(b) 单击面片草图
(c) 选择平面2	(d) 向上16 mm截取面片草图
(e) 选择圆工具做圆	(f) 勾选完成草图

图 2-22
领域组划分步骤二

取面片草图，单击"确定"按钮，如图2-22b～d所示。选择圆工具，单击面片草图做圆，勾选完成草图，如图2-22e、f所示。

步骤四：建立坐标系。单击"手动对齐"按钮，选择点云模型，选择"下一阶段"，移动方法选择"X-Y-Z"。如图2-23a、b所示，为参数设置选项，单击左上角、右下方"确定"按钮，退出手动对齐模式，坐标系创建完成。（用于辅助建立坐标系的参照平面1及草图1在建立坐标系之后可隐藏或删除）。选择位置，位置添加在草图1圆心位置，如图2-23c、d所示。选择Z轴，选择平面2，完成手动对齐，如图2-23e所示。删除平面1、平面2、草图1，调

(a) 单击"手动对齐"

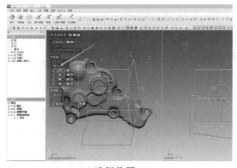

(b) 选择下一步

(c) 选择位置

(d) 添加在草图1圆心处

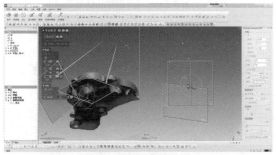

(e) Z轴对齐平面2

(f) 删除平面1，平面2，草图1

(g) 调整视图

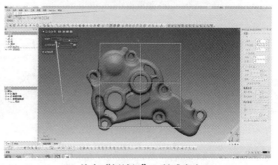

(h) 单击"领域组"，敏感度为40

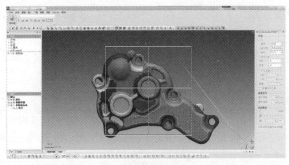

(i) 生成领域组

图 2-23
领域组划分步骤三

整视图，如图 2-23f、g 所示。单击领域组，敏感度为 40，勾选生成的领域组，如图 2-23h、i 所示。

2. 三维建模

步骤一：单击"面片草图"按钮，选择"前"平面为基准平面，进入面片草图模式，截取需要的参照线，单击左上角按钮。使用工具栏草图工具绘制草图 1。单击右下方按钮，退出面片草图模式。具体步骤如图 2-24 所示。

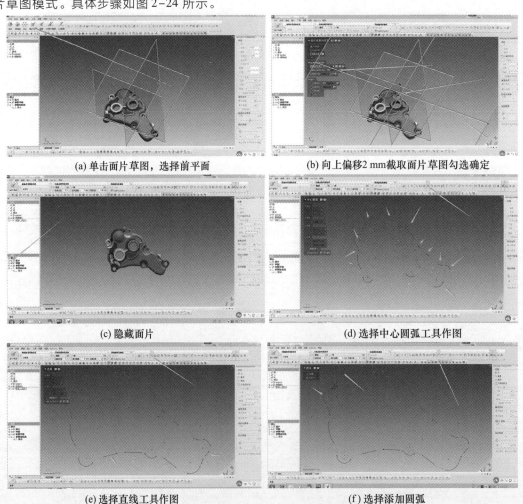

(a) 单击面片草图，选择前平面   (b) 向上偏移 2 mm 截取面片草图勾选确定

(c) 隐藏面片   (d) 选择中心圆弧工具作图

(e) 选择直线工具作图   (f) 选择添加圆弧

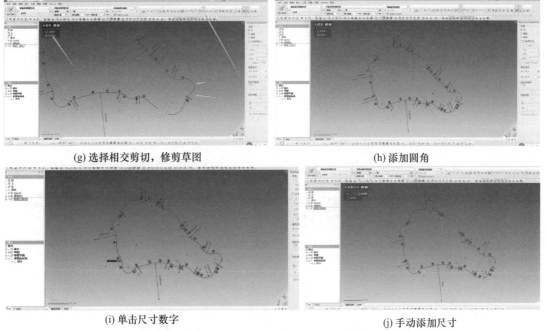

(g) 选择相交剪切，修剪草图

(h) 添加圆角

(i) 单击尺寸数字

(j) 手动添加尺寸

(k) 完成草图1

图 2-24
三维建模步骤一

步骤二：单击"拉伸"按钮，选择上述面片草图 1，如图 2-25a 所示参数设置，拉伸方法为距离，长度设置为 10 mm，拉伸实体，完成草图 2。具体步骤如图 2-25b ~ f 所示，单击隐藏面片，显示实体。添加基准平面，选择前平面，选择向上偏移7 mm，生成平面 1。单击面片草图，选择平面 1，向下偏移 2 mm，截取面片草图。

选择圆工具，勾选完成草图 2。

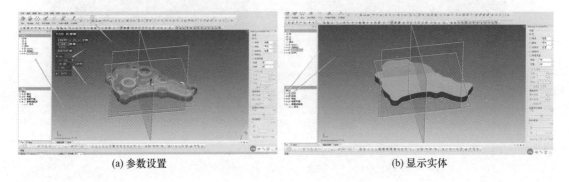

(a) 参数设置

(b) 显示实体

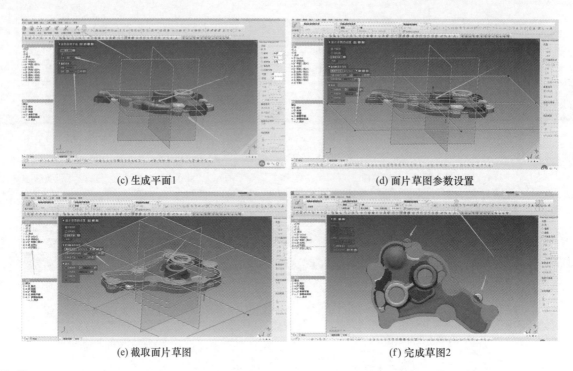

(c) 生成平面1　　　　　　　　　　　　(d) 面片草图参数设置

(e) 截取面片草图　　　　　　　　　　　(f) 完成草图2

图 2-25
三维建模步骤二

步骤三：单击"拉伸"按钮，选择上述面片草图 2，向下拉伸 3 mm，勾选合并，完成拉伸 2。按如图 2-26 所示具体步骤完成草图 3，单击"面片草图"按钮，选择领域平面，向下 3.5 mm 截取面片草图如图 2-26d 所示。选择圆工具，完成草图 3。

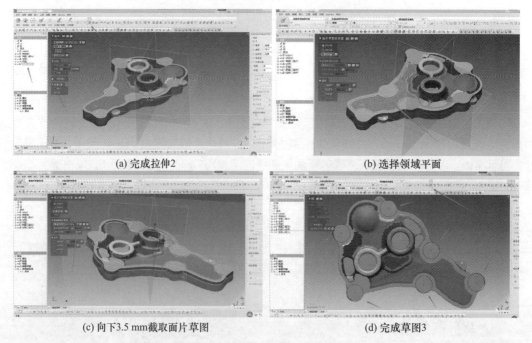

(a) 完成拉伸2　　　　　　　　　　　　(b) 选择领域平面

(c) 向下3.5 mm截取面片草图　　　　　　(d) 完成草图3

图 2-26
三维建模步骤三

步骤四：单击"拉伸"按钮，选择上述面片草图 3，向下拉伸 5 mm，选择剪切，完成拉伸 3。按如图 2-27 所示具体步骤完成草图 4。单击"平面"按钮，选择前平面，向上偏移 10 mm，生成平面 2。单击"面片草图"按钮，选择平面 2，向上 1 mm 截取面片草图，添加拔模角度 50°，如图 2-27d 所示。选择圆工具，完成草图 4 如图 2-27e 所示。

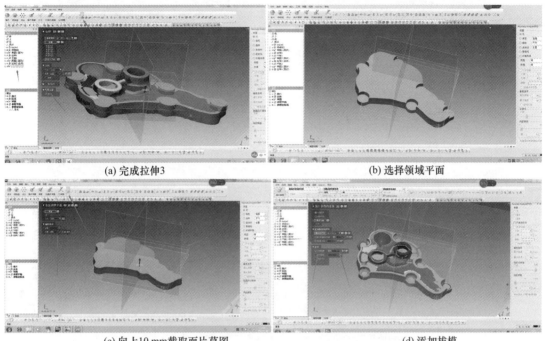

(a) 完成拉伸3　　　　　　　　　　　(b) 选择领域平面

(c) 向上10 mm截取面片草图　　　　　(d) 添加拔模

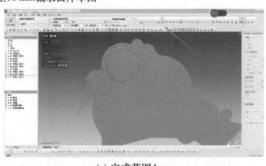

(e) 完成草图4

图 2-27
三维建模步骤四

步骤五：单击"拉伸"按钮，选择草图 4，向上拉伸 5 mm，添加拔模角度 50°，选择合并，完成拉伸 4。按如图 2-28 所示具体步骤完成草图 5，选择面片草图，选择平面 2，向上偏移 8 mm 截取面片草图。

步骤六：重复上述步骤，完成拉伸草图 6，具体绘制过程如图 2-29a ~ f 所示。单击"拉伸实体"按钮，向上拉伸 10 mm，选择合并。单击"面片草图"按钮，选择平面 2，向上偏移 4 mm。

步骤七：选择草图 6，重复上述步骤，完成拉伸草图 7，具体绘制过程如图 2-30 所示。单击"拉伸"按钮，选择草图 6，向上拉伸 5 mm，选择合并，完成拉伸。单击"面片草图"按钮，选择平面 2，向上偏移 1.5 mm 截取面片草图。

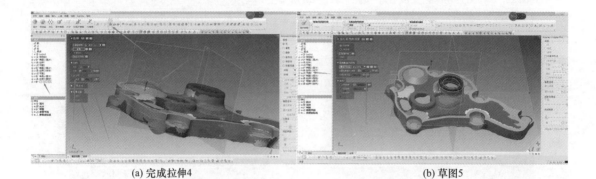

(a) 完成拉伸4   (b) 草图5

图 2-28
三维建模步骤五

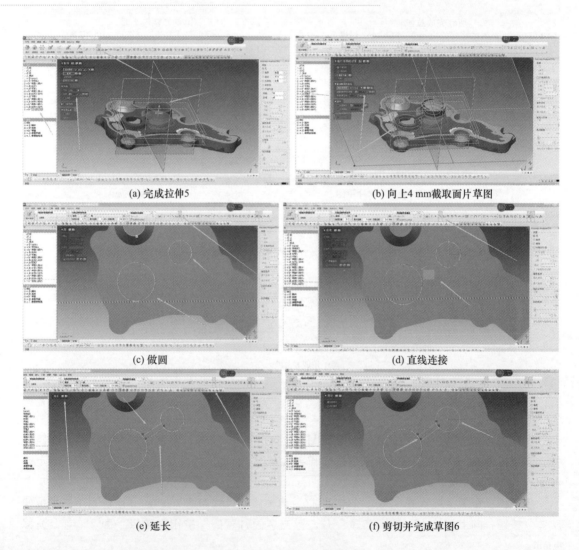

(a) 完成拉伸5   (b) 向上4 mm截取面片草图

(c) 做圆   (d) 直线连接

(e) 延长   (f) 剪切并完成草图6

图 2-29
三维建模步骤六

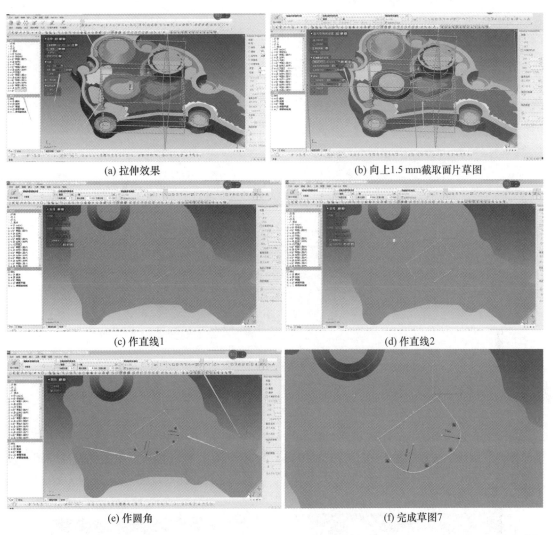

(a) 拉伸效果

(b) 向上1.5 mm截取面片草图

(c) 作直线1

(d) 作直线2

(e) 作圆角

(f) 完成草图7

图 2-30
三维建模步骤七

步骤八：选择草图 7，重复上述步骤，完成拉伸草图 8，具体绘制过程如图 2-31 所示。单击"拉伸"按钮，选择草图 7，向上拉伸 2.5 mm，选择合并，完成拉伸。单击"面片草图"按钮，选择平面 1，向上偏移 8.5 mm 截取面片草图。单击"中心圆弧"按钮，做草图。手动添加圆角的圆角数值。

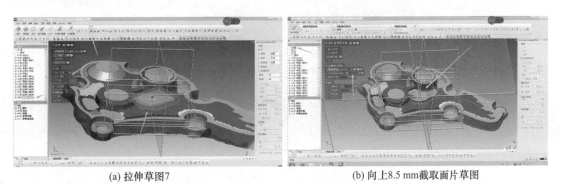

(a) 拉伸草图7

(b) 向上8.5 mm截取面片草图

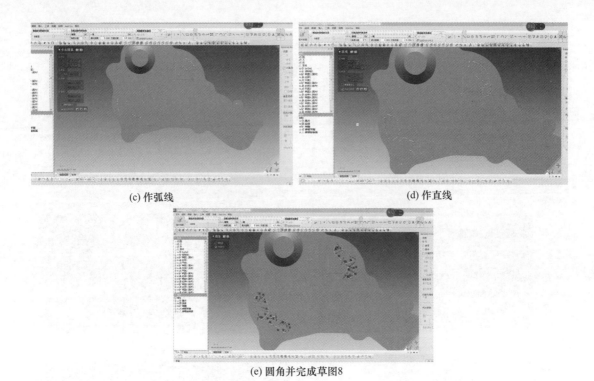

(c) 作弧线

(d) 作直线

(e) 圆角并完成草图8

图 2-31
三维建模步骤八

步骤九：选择草图 8，重复上述步骤，完成拉伸草图 9，具体绘制过程如图 2-32 所示。单击"拉伸"按钮，选择草图 8，向上拉伸 10 mm，选择剪切，完成拉伸。单击"面片草图"按钮，选择平面 1，向上偏移 4 mm 截取面片草图。选择圆工具，完成草图 9。

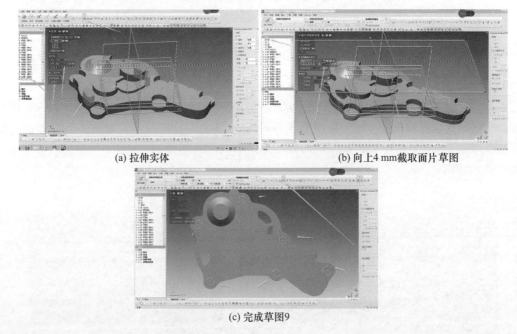

(a) 拉伸实体

(b) 向上4 mm截取面片草图

(c) 完成草图9

图 2-32
三维建模步骤九

步骤十：选择草图 9，重复上述步骤，完成拉伸草图 10，最终按草图 10 生成拉伸的实体，具体绘制过程如图 2-33 所示。单击"拉伸"按钮，选择草图 9，向上拉伸 10 mm，选择剪切，完成拉伸。选择前平面，向上偏移 15 mm 截取面片草图。单击"拉伸"按钮，选择草图 10，向上拉伸 20 mm，选择剪切，完成拉伸。

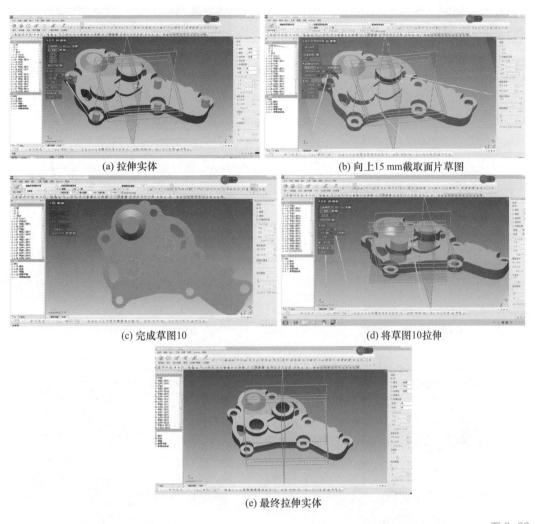

(a) 拉伸实体   (b) 向上 15 mm 截取面片草图

(c) 完成草图 10   (d) 将草图 10 拉伸

(e) 最终拉伸实体

图 2-33
三维建模步骤十

步骤十一：单击"圆角"按钮，如图 2-34 所示，要素选择"边线"，单击"魔法棒"自动

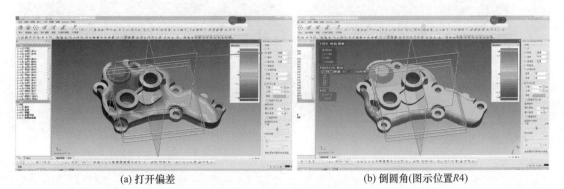

(a) 打开偏差   (b) 倒圆角(图示位置 $R4$)

(c) 倒圆角(图示位置R2.5)　　　　　　　(d) 倒圆角(图示位置R2.5)

(e) 倒圆角(图示位置R2)

(f) 倒圆角(图示位置R0.5)

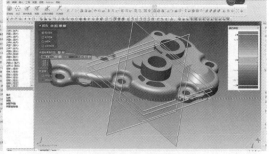

(g) 倒圆角(图示位置R2.5)　　　　　　　(h) 倒圆角(图示位置R1)

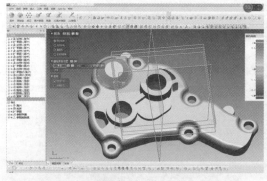

(i)倒圆角(图示位置R5)

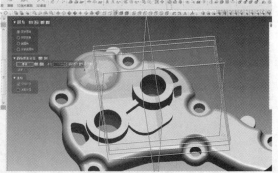

(j)倒圆角(图示位置R17)

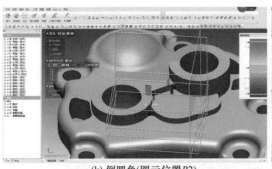

(k) 倒圆角(图示位置R2)　　　　　　　　(l) 倒圆角(图示位置R1)

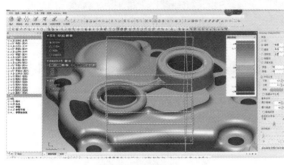

(m) 倒圆角(图示位置R1.5)　　　　　　　(n) 倒圆角(图示位置R2)

(o) 倒圆角(图示位置R1)　　　　　　　　(p) 倒圆角(图示位置R0.5)

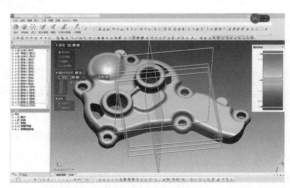

(q) 倒圆角(图示位置R0.3)

图 2-34
三维建模步骤十一

探索圆角半径，同时将右侧分析工具栏中"偏差"选项打开，结合自动探索的半径值与偏差颜色
分析，手动调整半径值，直到误差分析颜色接近绿色为止。单击左上角按钮，退出倒圆角模式。

步骤十二：完成异形零件实体建模，如图 2-35 所示。

图 2-35
异形零件实体建模

任务 4
异形零件误差检测分析

视频
异形件检测

任务导引

1. 任务描述
应用 Geomagic Control 软件将逆向建模得到的 CAD 模型和原始点云数据进行误差比对。

2. 任务材料
任务 2 中经过降噪处理的点云数据和任务 3 中逆向建模得到的 CAD 模型。

3. 任务技术要求
两数据模型对齐时不能出现明显错位，平均误差和均方差要在合理范围内，保证最终分析结果的可靠性。

任务实施

1. 打开/导入点云数据文件和 CAD 模型文件并设置属性
步骤一：导入两个数据文件。

打开 Geomagic Control 软件，单击左上角软件功能按钮，在弹出的菜单中单击"打开"或"导入"命令，打开或导入之前修改过的点云（面片）文件"YiXingJian_Cloud. stl"。注意本例要分析点云数据，故先把它转换为点云，选择"多边形"选项卡中最右边的"转为点"命令，将面片转换为点云。但转换完成后可能发现图形区的点云颜色不统一，说明点云的法线方向不一致，可以采用先删除法线，再重新着色的方式将法线方向统一。

在这里，读者也可以直接导入消除误差后的点云文件。

随后，导入依据点云数据建立的模型文件"YiXingJian_CAD. stp"。

步骤二：设置两份数据的属性。

软件系统将默认点云数据为 TEST 属性，即测试对象；CAD 模型默认为 REF 属性，即参考对象。

若属性错误或属性不慎被删除，则可右击模型管理器中的点云数据和 CAD 模型，在弹出菜单中分别选择"设置 Test"和"设置 Reference"命令，如图 2-36 所示。

2. 对齐测试对象和参考对象

本例采用直接最佳拟合对齐的方式，尝试对齐两个对象。单击"开始"选项卡中的"最佳拟合对齐"命令，在弹出对话框的选项子对话框中勾选"高精度拟合"复选框，单击"应用"按钮，可以看到两对象基本已对齐，然后再勾选"只进行微调"复选框，测试对象做微小的移动后对齐效果更佳，如图 2-37 所示。

3. 对测试对象进行 3D 分析

选择"开始"选项卡中的"3D 比较"命令，在弹出的对话框中，单击"应用"按钮，则比较结果以彩色偏差云图的形式显示出来，如图 2-38 所示。

图 2-36
手动设置属性

偏差最大的位置用红色和蓝色表示，偏差值最小的位置用青色表示，一般偏差数值越大颜色越深，偏置数值越小颜色越浅。可以在左侧对话框的色谱栏中调整最大临界值、最大名义值和颜色段等。最大偏差和标准偏差等重要数值可以在统计栏中查看。

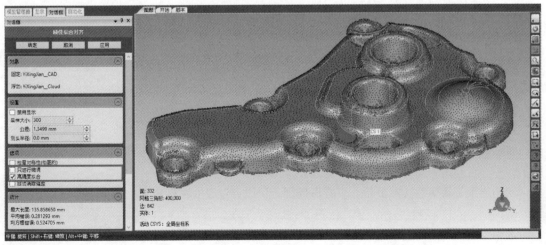

(a)

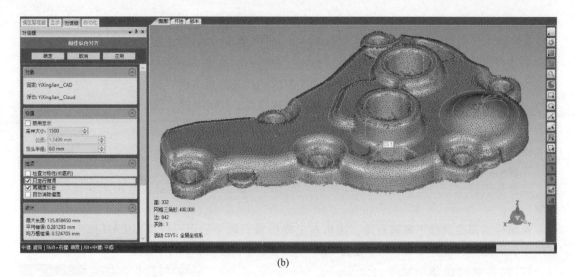

(b)

图 2-37
对齐参考对象和测试对象

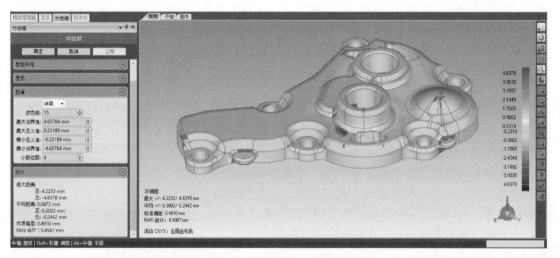

图 2-38
3D 比较

通过 3D 比较，可以直观地查看扫描数据的误差大小或逆向建模后的 CAD 模型与原模型的各个对应位置的误差大小。

4. 创建注释

要获取点云某位置的误差，选择"开始"选项卡中的"创建注释"命令，单击彩色偏差云图的该位置拖动一下，就会显示该位置的总偏差和 X、Y、Z 三个方向的偏差，如图 2-39 所示。

测量的某位置偏差实际上是一个圆形范围，可以通过改变左侧对话框的偏差半径大小改变该范围大小。

选中要编辑的注释，单击左侧对话框最下面的"编辑显示"，弹出一个对话框，可以增加和减少注释的显示项。

单击左侧对话框中的"保存"按钮，保存的注释及视图就会保存在模型管理器结果树下的注释视图中，以备查看。

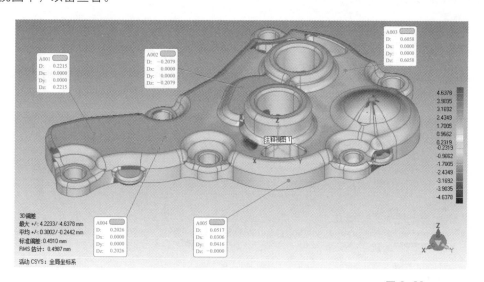

图 2-39
在 3D 彩色偏差云图上添加注释

5. 2D 比较

步骤一：选取截面创建 2D 比较。

选择"开始"选项卡中的"2D 比较"命令，在弹出的对话框中，确定需要测量的截面位置，本例选取与全局坐标系的 XY 平面平行，位置度为 12 mm 的平面如图 2-40 所示，单击"计算"按钮后得到的截面 2D 彩色偏差图的正视图如图 2-41 所示，可以适当增大缩放比例来更明显的查看误差的分布，最后单击"保存"按钮。

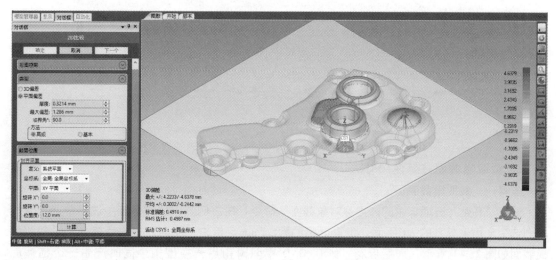

图 2-40
2D 比较——截取平面

步骤二：为 2D 比较添加注释。

创建完 2D 比较视图后，也可以在其上添加注释。方法如下：在左侧模型管理器中单击之前创建完成的"2D 比较 1"，右侧工作区就会显示出 2D 彩色偏差图，选择"开始"选项卡的"创建注释"命令，选中需添加注释的位置并拖动就可以像在 3D 比较视图中一样创建注释，创建完成的视图如图 2-42 所示。

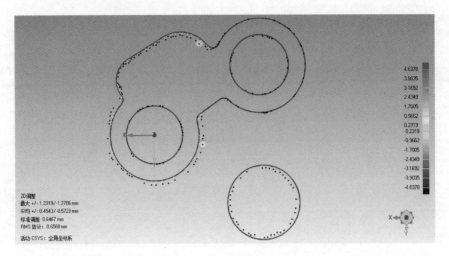

图 2-41
2D 比较——误差彩色图谱

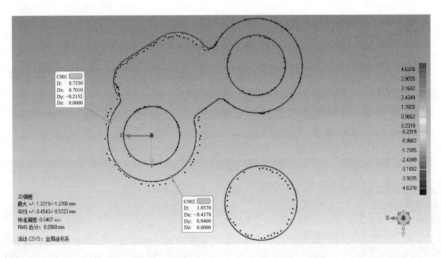

图 2-42
为 2D 分析添加注释

6. 截取横截面并标注尺寸

步骤一：截取横截面。

选择"开始"选项卡中的"贯穿对象截面"命令，在左侧弹出的对话框中选择截面位置，本例选择全局坐标系的 XY 平面，位置度仍然为 12 mm。单击"计算"按钮后就会显示截取的横截面如图 2-43 所示，而后保存，则在 CAD 模型树和点云模型树中同时产生一个横截面"Section A-A"。

步骤二：标注尺寸。

选择"开始"选项卡中的 2D 尺寸，用于创建 2D 尺寸标注。

模式选择"尺寸"，尺寸类型选择"直径"，拾取源选择"TEST"，拾取方法选择"最佳拟合"，选择圆角处点云，可以得到小圆的直径尺寸，如图 2-44 所示。还可以创建点到直线的距离、圆心到直线的尺寸标注等。

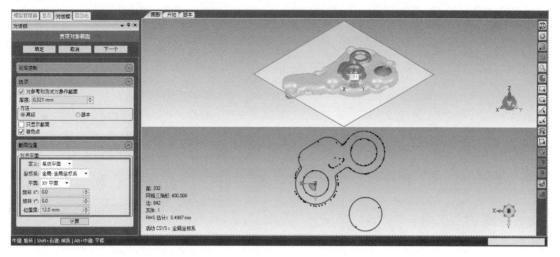

图 2-43
截取横截面

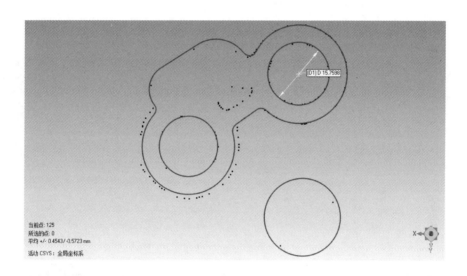

图 2-44
标注直径尺寸

上面只讲述了点云之间的尺寸标注，用类似的方法还可以创建 CAD 模型特征与点云之间的几何尺寸标注等。

7. 生成检测报告

选择"报告"选项卡中的"创建报告"命令，勾选"PDF"复选框，就会生产一个 . pdf 格式的报告文件，该报告中包含了之前创建的比较、注释、尺寸等。

进阶篇

项目 3

鼠标逆向设计及检测

学习目标

使用三维扫描仪对异形件鼠标扫描，用 Geomagic Wrap 软件进行点云处理，学会 Geomagic Design-X 软件的坐标系建立、草图基本功能、曲面构造的基本功能。

知识点

标志点粘贴要求
扫描策略的选择
补孔方法
对齐坐标系的要点
手动划分领域组
面片拟合应用
局部特征修剪
曲面缝合实体
可变倒角

项目引入

对于一款某厂家生产的鼠标，为了更好地满足用户需求，厂家决定利用逆向工程技术对鼠标的外观、功能进行再创新、再设计。

任务 1
鼠标三维数据采集

任务导引

1. 任务描述
使用扫描仪完成给定鼠标各面的三维扫描。

2. 任务材料
鼠标实物。

3. 任务技术要求
高精度完成给定鼠标各面的三维扫描，保存扫描得到的数据为 . asc 格式的文件或者 . ply 格式的文件。

一、知识准备

1. 标志点粘贴要求
标志点粘贴应注意如下事项：标志点粘贴牢固，且尽量粘贴在平坦的表面，才能进行拼合；标志点粘贴的距离适中，保证每个测量幅面内至少要识别三个或三个以上标志点；参考点的排列应避免在一条直线上，间距应该互不相同，不要贴成规则点阵的形状；高低尽量错开。

（1）标志点的确定

如图 3-1 所示的控水阀模型，质地硬不易变形。我们只在它的表面粘贴标志点，尽量确保从各个视角可以看到。深槽部分的标志点也很有必要，使得不同高度均有标志点分布，增加了空间自由度控制度，可以保证整体坐标拼接的精度和匹配成功率。

（2）标志点主要粘贴在物体的外部

如图 3-2 所示的剃须刀模型，仅仅在它的顶部和侧面布置了少量标志点，大量的标志点布置在测量平台上，便于从不同角度对物体进行扫描，而平台上布置的标志点将作为公共标志点基准进行拼接。

（3）增加外部特征粘贴标志点

如图 3-3 所示的马头模型壳体，由于其表面特征很多，很少有合适的空间来布置标志点。另外其类似平板的外形，导致了表面粘贴标志点不足以控制其空间自由度。此种情形下，可以通过增加外部特征，在类似图中的一些点块上粘贴标志点，来增加其空间标志点，提高拼接精度。

（4）完全靠外部粘贴标志点

如图 3-4 所示的鼠标模型体积小，表面细小特征多，完全不能粘贴标志点。材质柔软，在测量过程中不能搬动。因此，我们将其置于粘贴了大量标志点的平板上，依靠平板上的标志点作为拼接基准。

图 3-1
控水阀模型

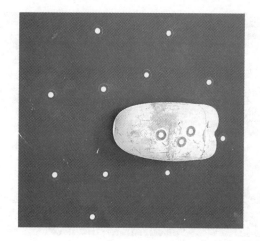

图 3-2
剃须刀模型

图 3-3
马头模型

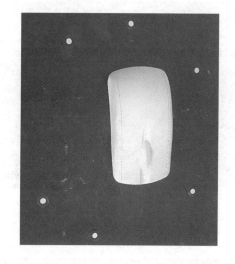

图 3-4
鼠标模型

2. 扫描策略

物体大小、特征不同，对于测量数据的要求不同，测量策略也不相同。基本原则要做到既可以保证测量的精度，又可以提高效率。

平板类小物体的单次测量，如果物体的尺寸大小一个扫描幅面可以完成，且表面没有深槽类特征，那么无须进行多视角测量，且可以不用粘贴标志点。如：一般的小型冲压件、塑料件的外壳类、浮雕或者产品的某个需要扫描的单面，如图 3-5 所示。

对于特征较多的小物体的多视角测量，可以将它放置在一个平板上，在平板上贴上标志点，然后物体的表面也粘贴一些标志点，如图 3-6 所示。从不同的方向进行扫描。那么就可以得到该工件完整的点云数据了。

如果物体表面有足够的空间粘贴标志点，且其外形特征也可以保证标志点在空间分布的自由度控制要求，则可以直接利用工件表面的标志点完成工件的多视角扫描，如图 3-7 所示的冲压件的扫描。

较平坦小物体的多次拼接扫描如图 3-8 所示。

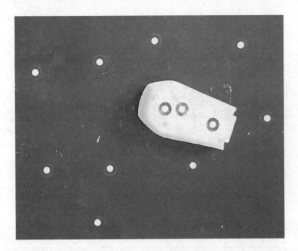

图 3-5
仅需要进行单视角扫描的手机塑料部件

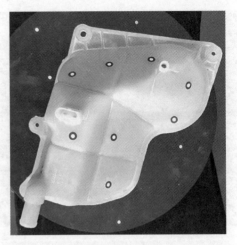

图 3-6
特征较多小物体的标志点布置

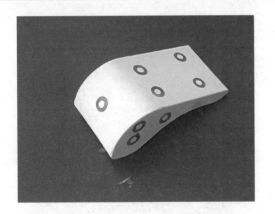

图 3-7
冲压件扫描

图 3-8
较平坦小物体的多次拼接扫描

图 3-9
封闭式小物体的整体扫描

封闭式小物体的整体测量，一些物体需要进行三维外形的整体测量，此时在扫描前我们要对物体进行测量规划。如图 3-9 所示，将工件摆放在一个测量平台之上，具体操作如下。

（1）根据扫描视角规划扫描步骤位置。

（2）每个视角保证有足够的标志点可以识别。

（3）每个面和下一个过渡面之间保证有公共标志点。

（4）完成工件与平台 A 面不贴合的各个侧面的扫描，保存点云数据。

（5）将工件翻边，使和 A 面贴合的表面朝上，再进行和它相接的几个面的扫描，完成后保存点云数据。

（6）在 Geomagic 软件中，可以用这些参考点特征、边缘特征等把两次测量的点云拼合成一个整体。

二、任务实施

步骤一：标定完成后，直接打开软件单击键盘空格进行扫描。单击"T"打开白光。计算机显示标志点是绿色时，就可以进行扫描，如图 3-10 所示。

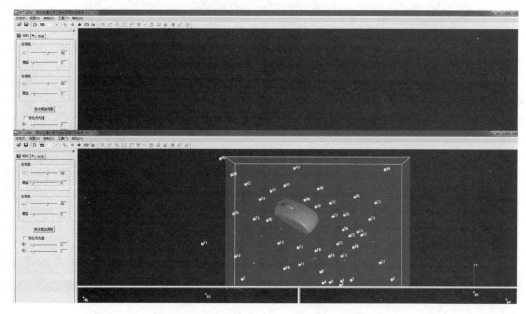

图 3-10
步骤一

步骤二：转动转盘一定角度，必须保证与上一步扫描有公共重合部分，这里说的重合是指绿色标志点重合，即上一步骤和本步骤能够同时看到至少四个标志点（本单目设备为三点拼接，但是建议使用四点拼接），如图 3-11 所示。

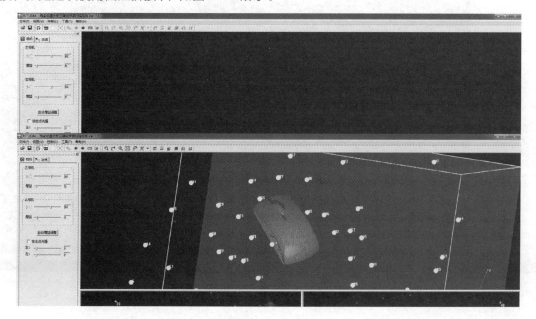

图 3-11
步骤二

步骤三：同步骤二类似，向同一方向继续旋转一定角度扫描，重复操作直至把鼠标工件的表面数据扫描完成，再翻面进行扫描，如图 3–12～图 3–14 所示。

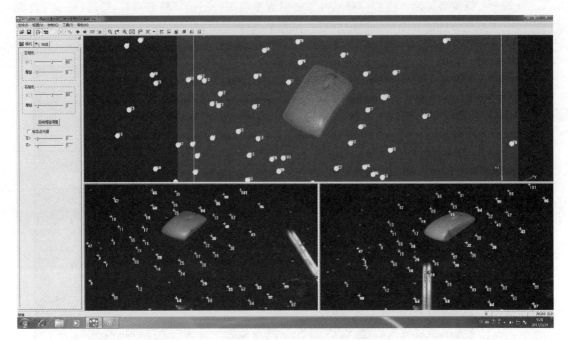

图 3–12
步骤三(1)

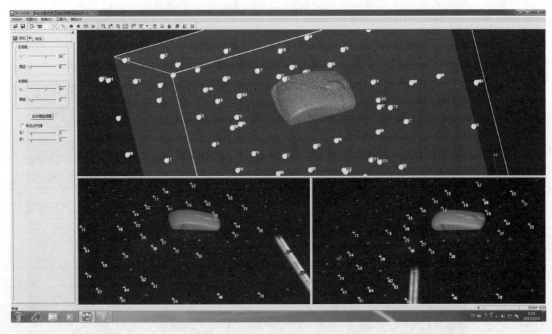

图 3–13
步骤三(2)

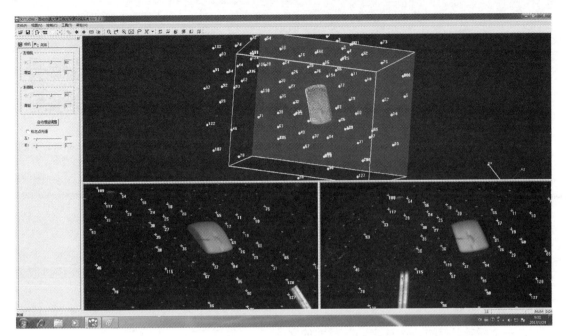

图 3-14
步骤三(3)

步骤四：到此为止，扫描工作完成。在软件中选择"保存所有点云"，将扫描数据另存为.ply 或者.asc 格式的文件即可，如图 3-15 所示。

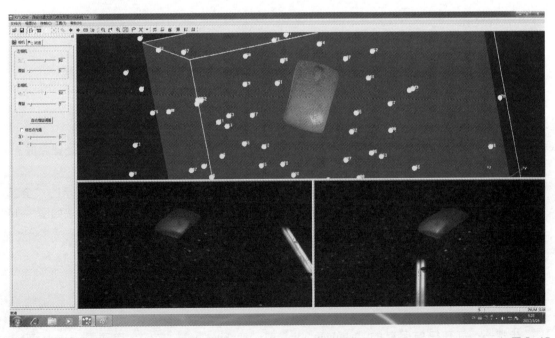

图 3-15
保存所有点云

任务 2
鼠标点云数据处理

视频
鼠标点云处理

任务导引

1. 任务描述

使用 Geomagic Wrap 软件对获得的点云进行相应取舍，剔除噪点和冗余点。提交经过取舍后的点云电子文档，保存为 .stl 格式的文件。

2. 任务材料

前一个任务保存的 .asc 或者 .ply 格式的文件。

3. 任务技术要求

提交的扫描数据与标准三维模型各面数据进行比对，组成面的点基本齐全（以点足以建立曲面为标准）。

一、知识准备

1. 填充孔

修补因为点云缺失而造成漏洞，可根据曲率趋势补好漏洞。

2. 去除特征

先选择有特征的位置，应用该命令可以去除特征，并将该区域与其他部位形成光滑的连续状态。

3. 网格医生

集成了删除钉状物、补洞、去除特征、开流形等功能，对于简单数据能够快速处理完成。

4. 填充

选择菜单栏"多边形""全部填充"按钮，在模型管理器中弹出如图 3-16a 所示的"全部填充"对话框。可以根据孔的类型搭配选择不同的方法进行填充，三种不同的选择方法如图 3-16所示。

二、任务实施

1. 点云导入

步骤一：打开扫描保存的"shubiao. ply"或"shubiao. asc"文件。启动 Geomagic Wrap（Studio）软件，选择菜单"文件""打开"命令或单击工具栏上的"打开"图标，系统弹出"打开文件"对话框，查找鼠标数据文件并选中"fk. ply"文件，然后单击"打开"，在工作区显示载体如图 3-17 所示。

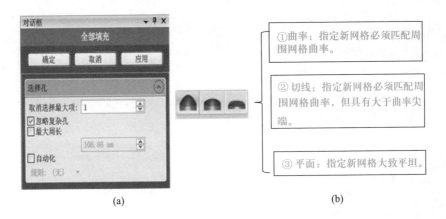

①曲率：指定新网格必须匹配周围网格曲率。

②切线：指定新网格必须匹配周围网格曲率，但具有大于曲率尖端。

③平面：指定新网格大致平坦。

(a)　　　　　　　　　　　　　(b)

图 3-16
填充的选择方法

步骤二：将点云着色。为了更加清晰、方便地观察点云形状，将点云进行着色。选择菜单栏"点""着色点"命令，着色后的视图如图 3-18 所示。

图 3-17
点云导入

图 3-18
点云着色

步骤三：设置旋转中心。为了更加方便的观察点云，可以进行放大、缩小或旋转，需要设置旋转中心。在操作区域单击鼠标右键，在弹出的快捷菜单中选择"设置旋转中心"命令，在点云适合位置单击即可。

步骤四：选择非连接项。选择菜单栏"点""选择"命令断开组件连接按钮，在管理面板中弹出"选择非连接项"对话框。在"分隔"的下拉列表中选择"低"分隔方式，这样系统会选择在拐角处离主点云很近但不属于它们一部分的点。"尺寸"为默认值 5.0 mm，单击上方的"确定"按钮。点云中的非连接项被选中，并呈现红色，如图 3-19 所示。选择菜单"点""删除"命令或按下"Delete"键将红色非连接部分点云删除。

步骤五：去除体外孤点。选择菜单栏"点""选择""体外孤点"命令，在管理面板中弹出"选择体外孤点"对话框，设置"敏感性"的参数值为 100，也可以通过单击右侧的两个三角形按钮增加或减少"敏感性"的值。此时体外孤点被选中，呈现红色，如图 3-19 所示。选择菜单栏"点""删除"命令或按"Delete"键来删除选中的点。

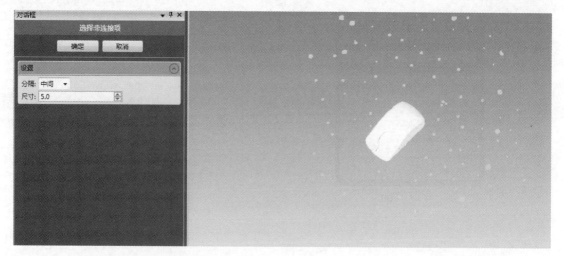

图 3-19
选择非连接项

步骤六：减少噪音。选择菜单栏"点""减少噪音"命令，在管理面板中弹出"减少噪音"对话框，如图 3-20 所示。将"棱柱形（积极）"的"平滑度水平"滑标滑到无。迭代为5，偏差限制为 0.05。

步骤七：封装数据。选择菜单栏"点""封装"命令，弹出"封装"对话框，该命令将围绕点云进行封装计算，使点云数据转换为多边形模型。

2. 多边形修补

选择菜单栏"多边形""全部填充"命令，在模型面板中弹出如图 3-22 所示的"全部填充"对话框。可以根据孔的类型搭配选择不同的方法进行填充。点云文件最终处理效果如图 3-21所示。

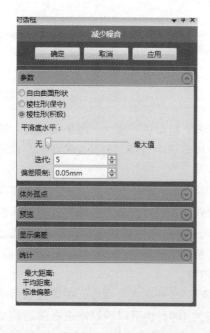

图 3-20
设置界面

图 3-21
修补多边形最终效果

3. 数据保存

单击左上角软件图标，文件另存为"shubiao. stl"文件。

任务3
鼠标三维逆向建模

视频
鼠标建模

任务导引

1. 任务描述

使用 Design-X 软件，完成鼠标的外观三维建模。

2. 任务材料

任务 2 得到 .stl 格式的文件。

3. 任务技术要求

面的建模质量好，合理拆分曲面，面与面之间拟合度高，平均误差小于 0. 1 mm，不能整体拟合。

一、知识准备

1. 领域组划分

根据所需建模的几何体形状来划分区域，是以几何形状、圆角、自由曲面等领域分类为形状特征的基准。根据所需建模的结构，调节其灵敏度。选择菜单栏"领域""自动分割"命令或利用 █ 自行刷取所要划分的特征部分，如图 3-22 所示。

图 3-22
领域组划分界面

2. 坐标系建立

对于点云数据，建立坐标系是一个比较麻烦的过程。观察零件的特征，优先选择特征最明显的面或建立工件坐，分析所要建模的结构，选择所要建模的小平面作为 *XY* 平面。利用对称特征，以领域组建立对称面，用"对齐""手动对齐"功能建立坐标系如图 3-23 所示。

图 3-23
坐标系建立界面

3. 曲面建模

利用 Design-X 建立曲面。根据原有几何体的特征曲面模拟其特征上的每一个点来连线构型不同大小的小面片，最终拼接成所需要的特征面。Design-X 可以自动面片拟合、传统境界拟合、放样拟合等。

（1）自动面片拟合：利用所划分的领域来创建拟合面。在菜单栏"模型""面片拟合"选取所要拟合的曲面领域，把许可偏差调制所需的偏差值（如 0.1 mm），其他参数调制几何体所需值即可，如图 3-24 和图 3-25 所示。

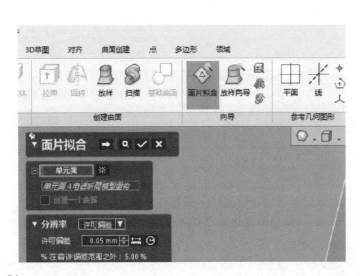

图 3-24
面片拟合界面 1

图 3-25
面片拟合界面 2

（2）传统境界拟合：利用样条曲线在几何体画出封闭曲线来拟合曲面的方法（此方法用于不规则曲面的小平面）。在菜单栏"3D 草图"内选择"3D 面片草图""样条曲线"命令，在几何体上绘制其样条曲线，如图 3-26 所示。绘制好样条曲线后选择"菜单""Add-Ins"内找"传统境界拟合"命令来拟合曲面，如图 3-27 所示。

（3）放样拟合：与传统境界拟合相似但不同，此拟合方法所绘制的样条曲线是用两条平行曲线或两个平滑的面片边缘来进行面片拟合（用于规则的平面）。同样在菜单栏选择"模型""放样"或"放样向导"命令。

4. 曲面修剪与延伸

曲面修剪与延伸可以优化所建面片的边缘。如面片在拟合的过程中过长、过短或交叉等；可以用面片的修剪与延伸来得到几何体特征所需面片，如图 3-28 所示。在菜单栏"模型"中有这两项命令。

图 3-26
绘制样条曲线

图 3-27
拟合曲面

过长

过短

相交

图 3-28
拟合不同情况

5. 填充

选择菜单栏"多边形""全部填充"命令,在模型管理器中弹出"全部填充"对话框。可以根据孔的类型搭配选择不同的方法进行填充。

二、任务实施

1. 创建坐标系

步骤一:导入处理完成的"shubiao. stl 数据",建立参考平面 1,如图 3-29 所示。

步骤二:单击"平面",选择"绘制直线",把面片大致摆正后,在中间位置绘制一条直线,生成平面 2,如图 3-30 所示。

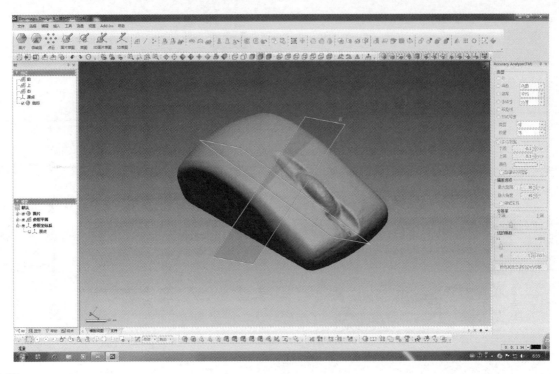

图 3-29
创建参照平面 1

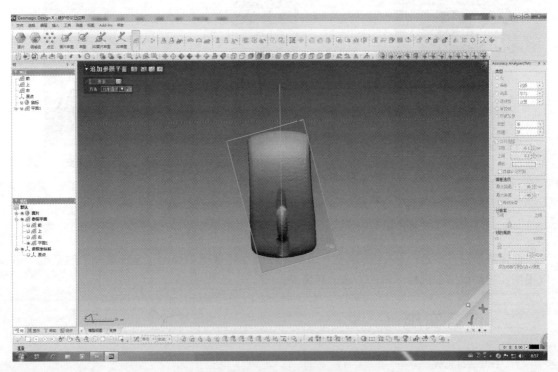

图 3-30
创建参照平面 2

步骤三：单击"平面"按钮，选择"镜像"命令，要素选择平面 2 和整个面片，生成平面，如图 3-31 ~ 图 3-32 所示。

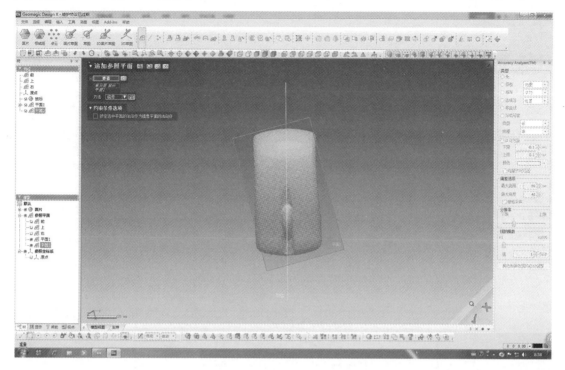

图 3-31
追加基准平面

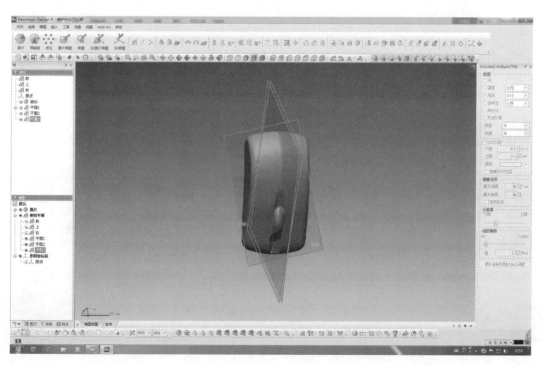

图 3-32
生成基准平面

步骤四：单击"手动对齐"按钮，单击"下一步"按钮，对齐方式选择"3-2-1"，X轴选择平面1和平面3，Z轴选择平面3，勾选完成对齐，如图3-33~图3-35所示。

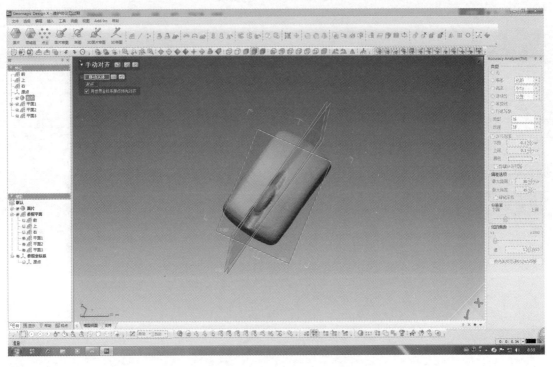

图 3-33
手动对齐

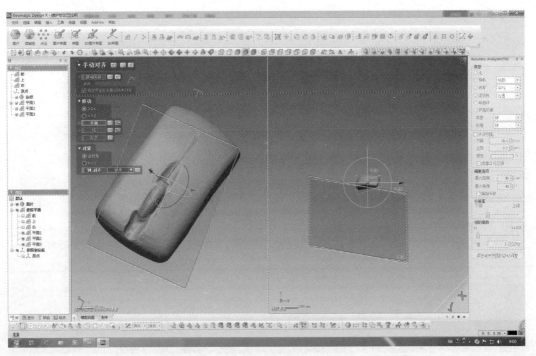

图 3-34
调整角度

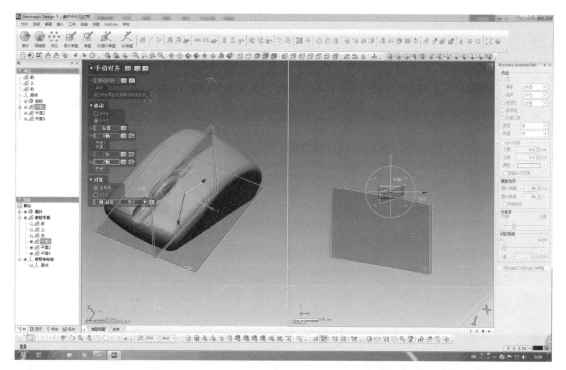

图 3-35
对齐完成

步骤五：删除平面 1、平面 2、平面 3，如图 3-36 所示。

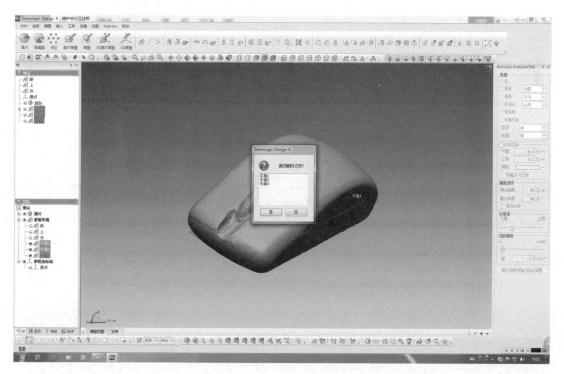

图 3-36
删除平面

步骤六：单击"平面"按钮，方法选择"选择多个点"，在面片底面生成平面1，如图3-37所示。

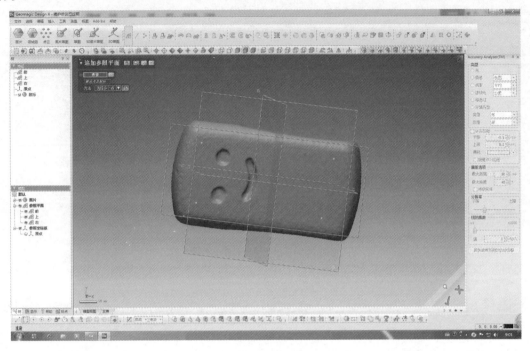

图 3-37
生成基准平面

步骤七：单击"面片草图"按钮，向上1mm截取面片草图，使用圆工具，绘制草图如图3-38～图3-39所示。

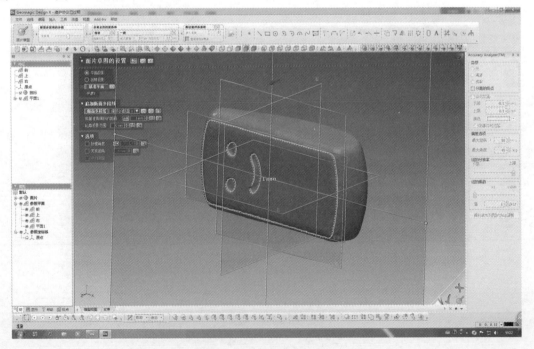

图 3-38
向上1mm截取面片草图

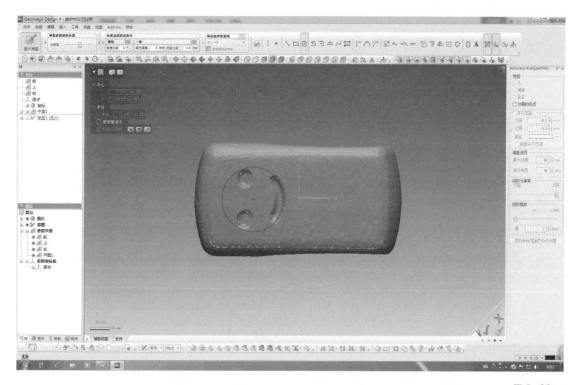

步骤八：单击"手动对齐"按钮，对齐方式选择"3-2-1"，位置选择"圆心位置"，Y 轴选择前平面上平面，Z 轴选择"上平面、右平面"，勾选完成对齐，如图 3-40 所示。

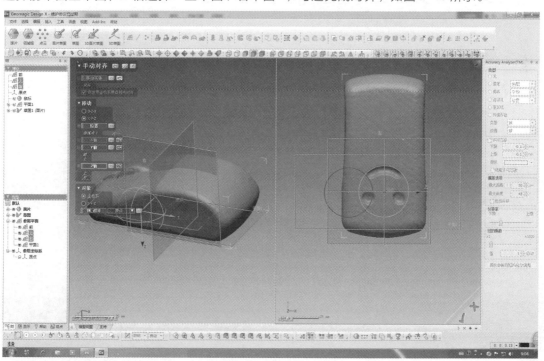

步骤九：删除平面1、草图1，如图3-41所示。

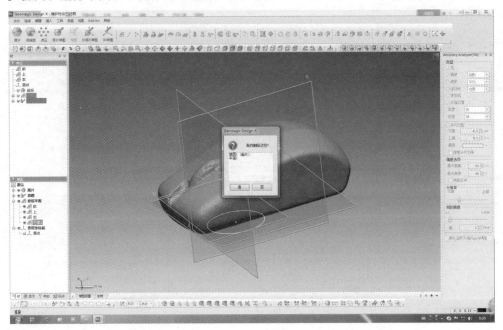

图 3-41
删除多余部分

2. 三维建模

步骤一：单击"领域组"按钮，关闭自动划分，选择"画笔"工具，在面片上做痕迹，单击"插入领域"按钮，生成领域，其他面重复以上步骤插入领域，效果如图3-42～图3-50所示。

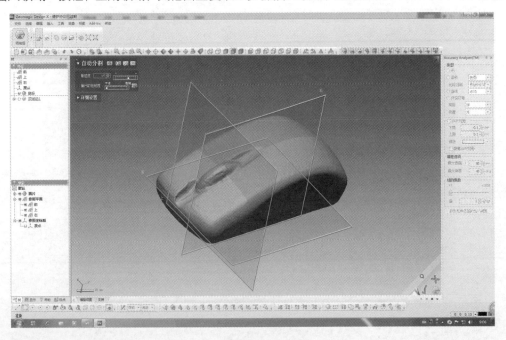

图 3-42
自动分割

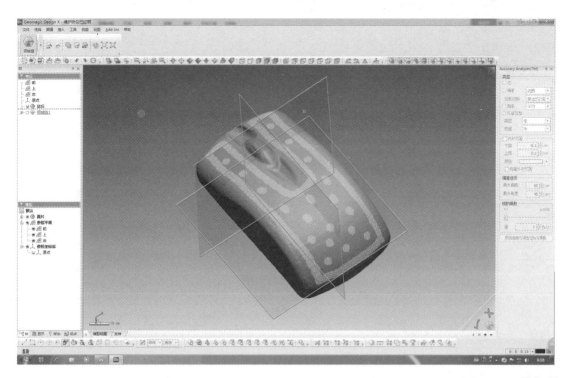

图 3-43
做上表面痕迹

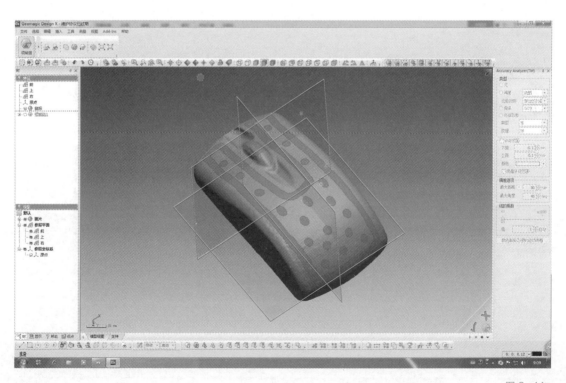

图 3-44
生成上表面领域

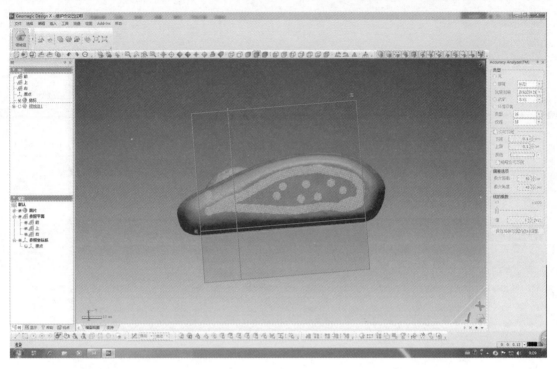

图 3-45
做侧面痕迹

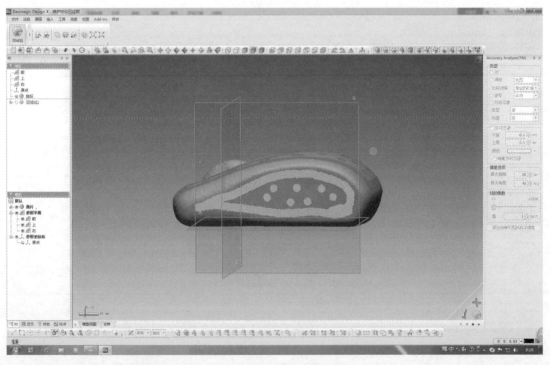

图 3-46
生成左面领域

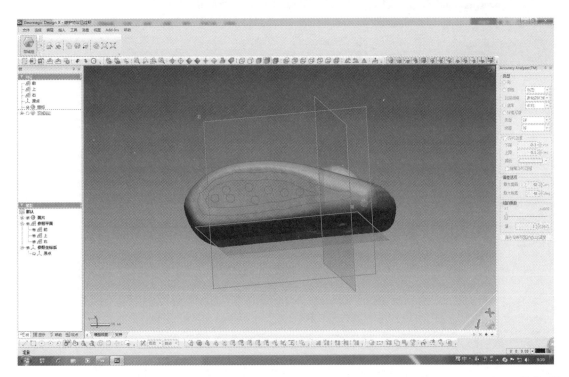

图 3-47
生成右面领域

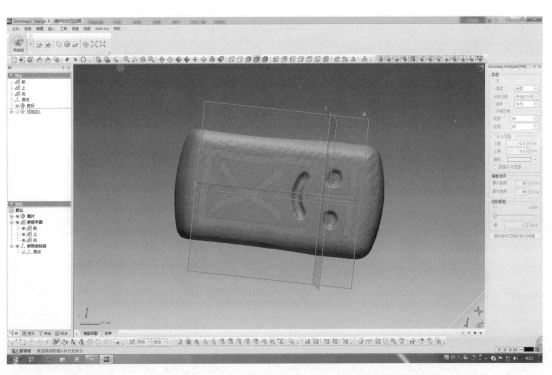

图 3-48
生成底面领域

图 3-49
生成上部领域

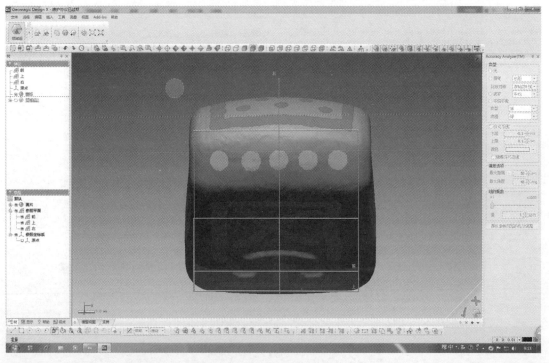

图 3-50
生成下部领域

步骤二：单击"面片拟合"按钮，选择"上面领域"命令，分辨率选择许可偏差0.1，勾选生成曲面。其他各面重复上述步骤，生成曲面效果如图3-51～图3-59所示。

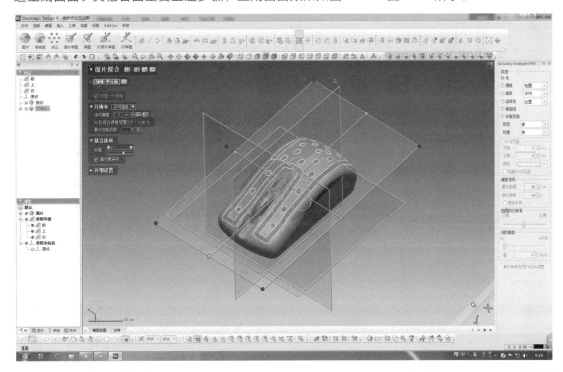

图 3-51
上面领域设置

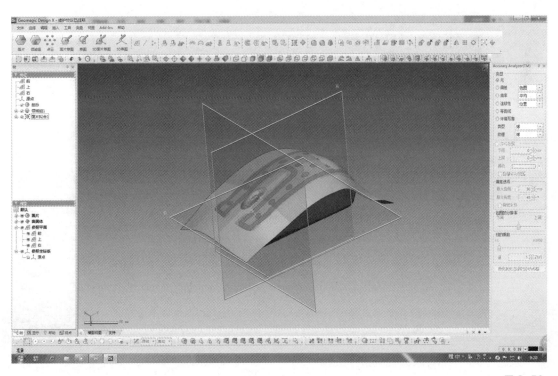

图 3-52
拟合上面领域 1

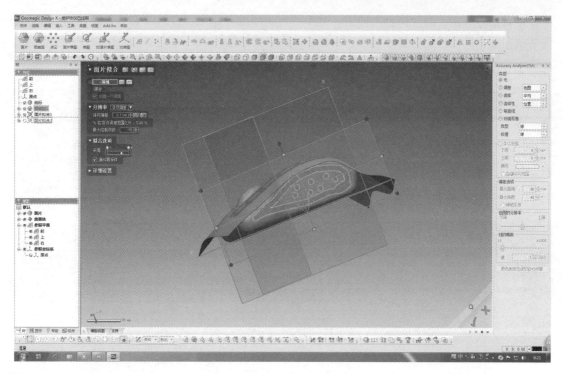

图 3-53
拟合上面领域 2

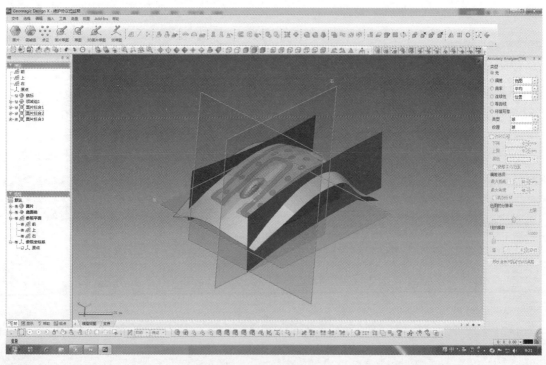

图 3-54
拟合侧面 1

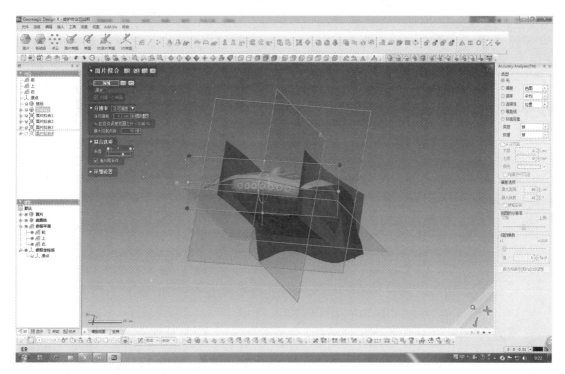

图 3-55
拟合侧面 2

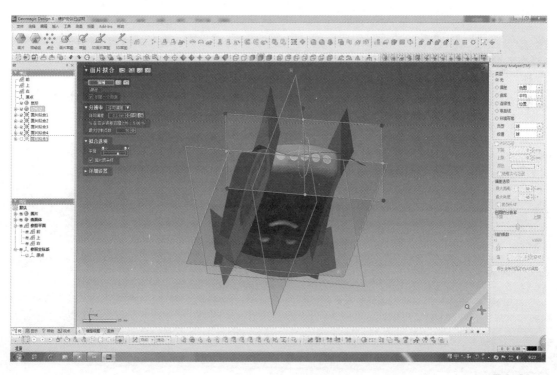

图 3-56
拟合上下端领域 1

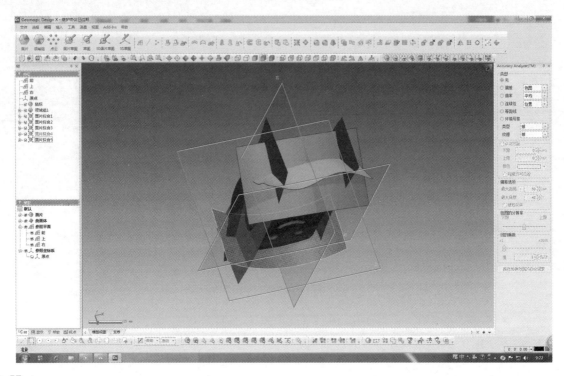

图 3-57
拟合上下端领域 2

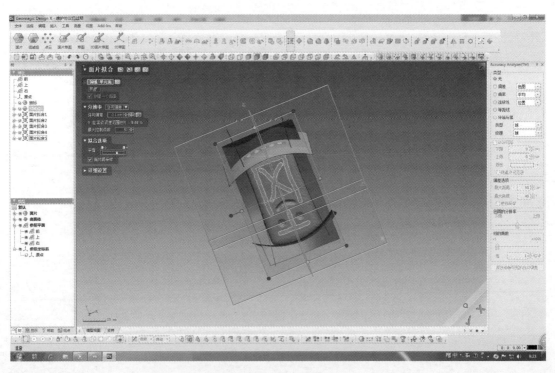

图 3-58
底面领域设置

　　　　　　鼠标逆向设计及检测

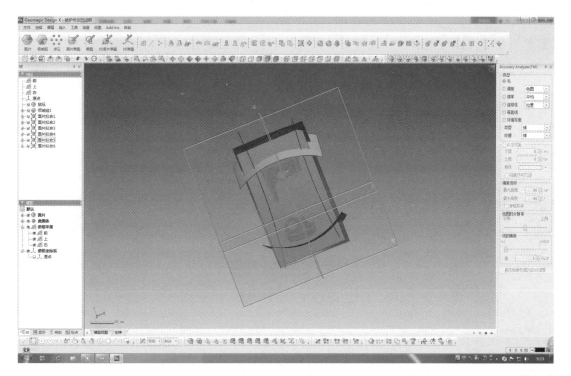

图 3-59
拟合底面领域

步骤三：单击"剪切"按钮，工具选择"右边曲面"，对象选择"上下前后曲面"，单击"下一步"按钮，选择残留体如图 3-60 ~ 图 3-62 所示，完成修剪。

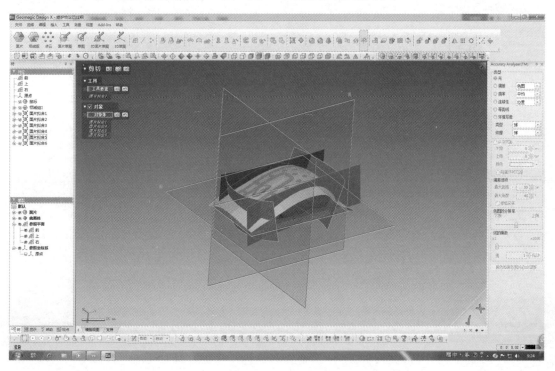

图 3-60
曲面修剪

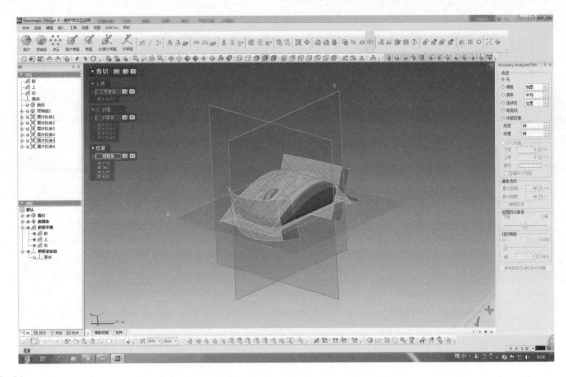

图 3-61
选择曲面

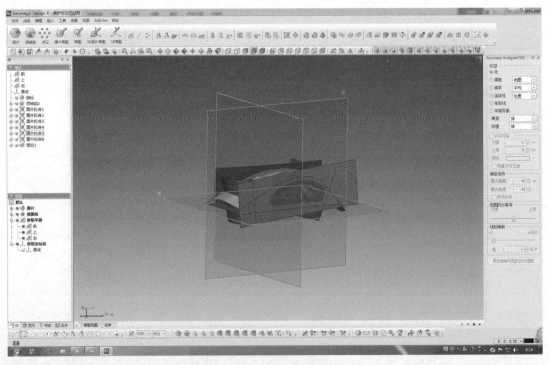

图 3-62
完成修剪

步骤四：单击"剪切"按钮，工具选择"左边曲面"，对象选择"上下前后曲面"，单击"下一步"按钮，选择残留体如图 3-63 ~ 图 3-65 所示，完成修剪。

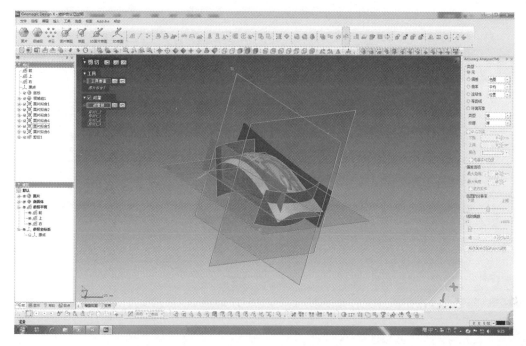

图 3-63
曲面修剪

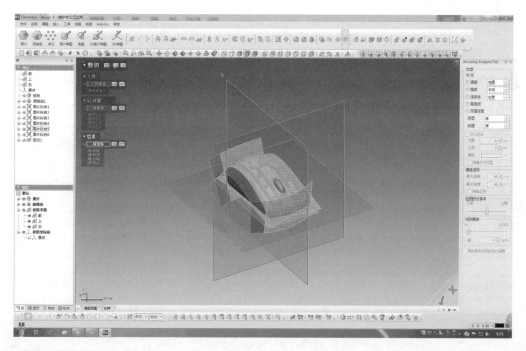

图 3-64
选择曲面

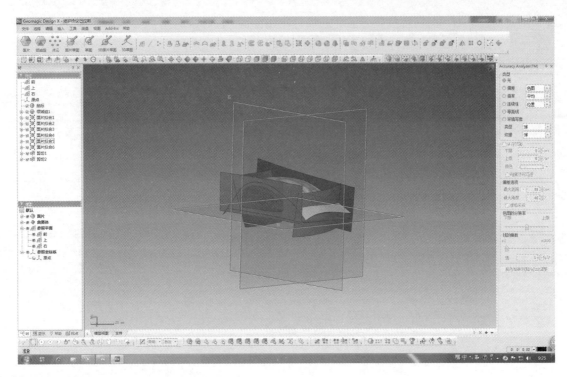

图 3-65
完成修剪

步骤五：单击"剪切"按钮，工具选择"前边曲面"，对象选择"上下曲面"，单击"下一步"按钮，选择残留体如图 3-66 ~ 图 3-68 所示，完成修剪。

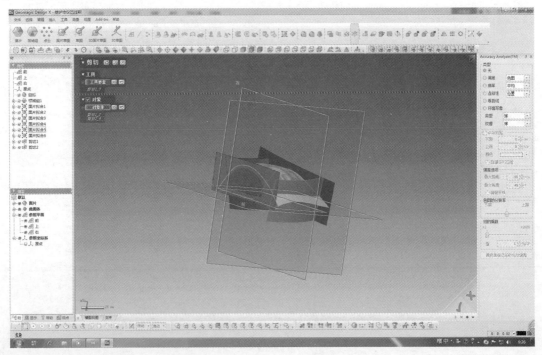

图 3-66
曲面修剪

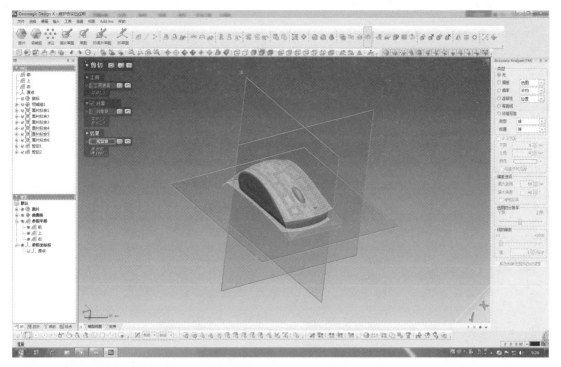

图 3-67
选择曲面

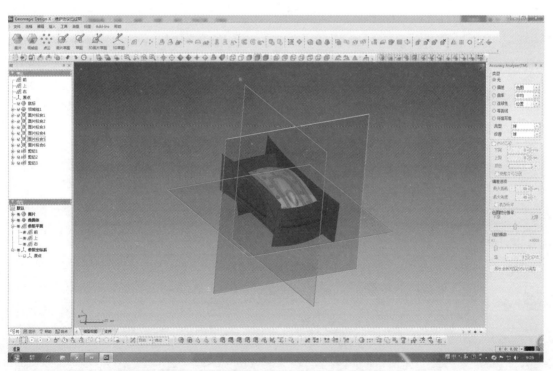

图 3-68
完成修剪

步骤六：单击"剪切"按钮，工具选择"后边曲面"，对象选择"上下曲面"，单击"下一步"按钮，选择残留体如图 3-69 ～ 图 3-71 所示，完成修剪。

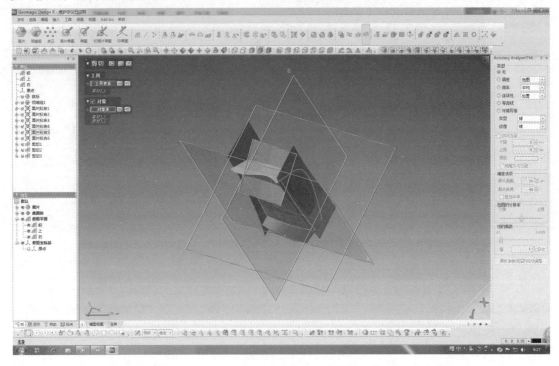

图 3-69
曲面修剪

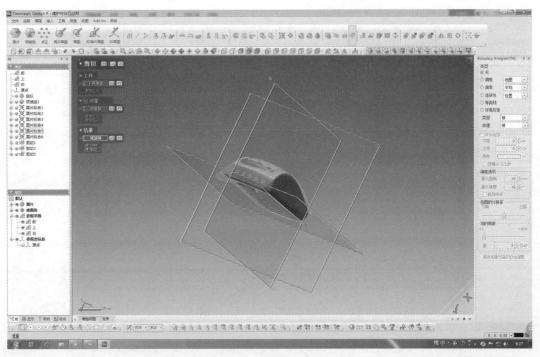

图 3-70
选择曲面

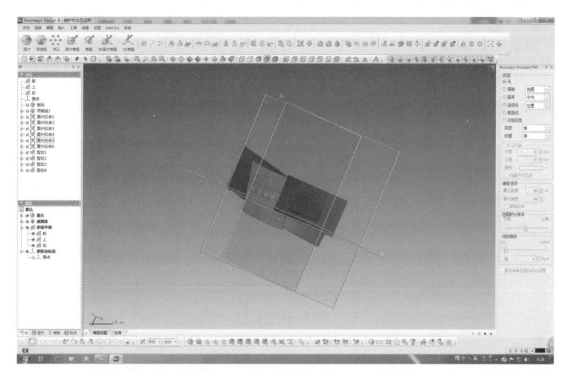

图 3-71
完成修剪

步骤七：单击"剪切"按钮，工具选择"上下曲面"，对象选择"前后曲面"，单击"下一步"按钮，选择残留体如图 3-72 ~ 图 3-74 所示，完成修剪。

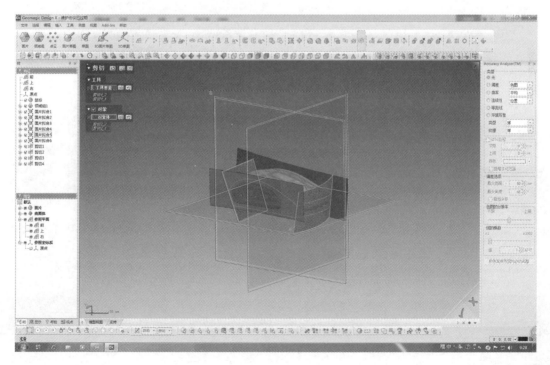

图 3-72
曲面修剪

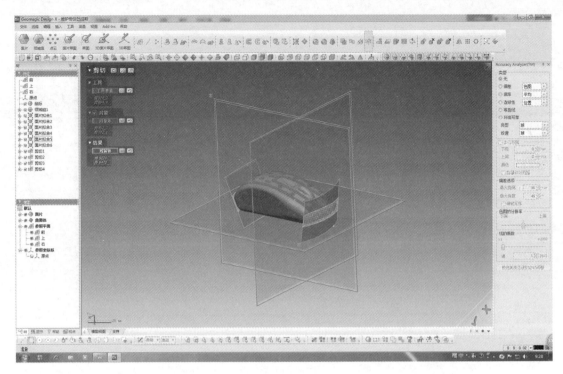

图 3-73
选择曲面

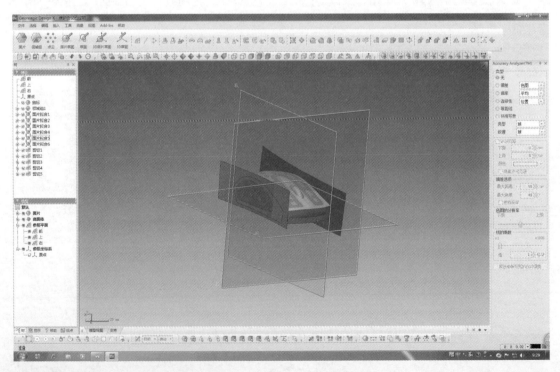

图 3-74
完成修剪

步骤八：单击"剪切"按钮，工具选择"上下前后曲面"，对象选择"上下左右曲面"，单击"下一步"按钮，选择残留体如图 3-75 ~ 图 3-77 所示，完成修剪。

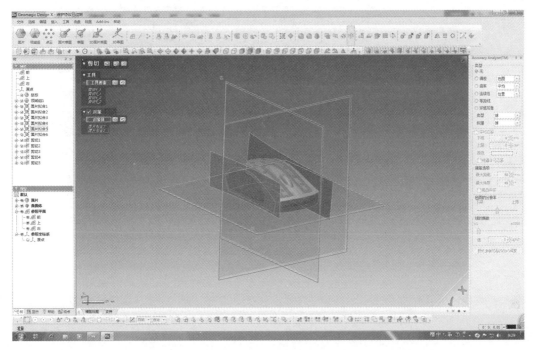

图 3-75
曲面修剪

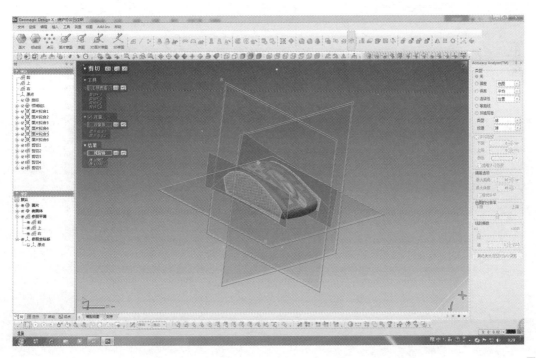

图 3-76
选择曲面

图 3-77
完成修剪

步骤九：单击"缝合"按钮，选中"所有曲面"，单击"下一步"按钮，完成缝合，如图
3-78 所示。

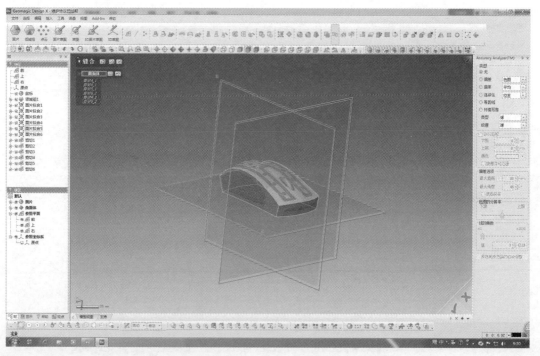

图 3-78
完成缝合

步骤十：单击"偏差预览"按钮，如图 3-79 所示。

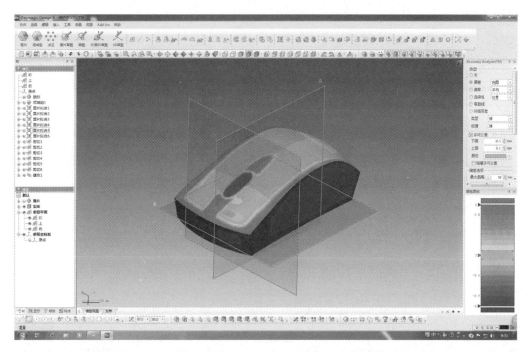

图 3-79
偏差预览

步骤十一：单击"圆角"按钮，选择"可变圆角"选项，始端 8 mm，终端 4 mm，效果如图 3-80 所示。

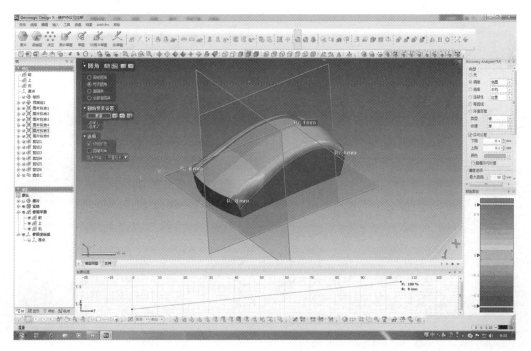

图 3-80
设置圆角 1

步骤十二：单击"圆角"按钮，选择"可变圆角"选项，始端 8 mm，终端 4 mm，效果如图 3–81 所示。

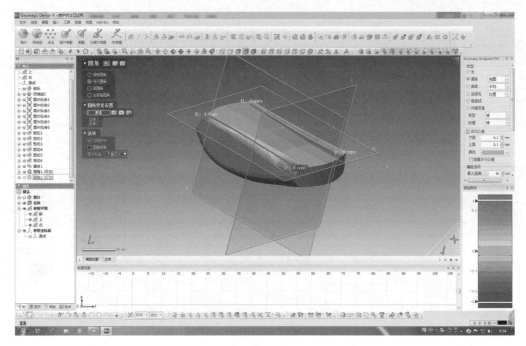

图 3–81
设置圆角 2

步骤十三：单击"圆角"按钮，选择固定圆角为 7.5 mm，效果如图 3–82 所示。

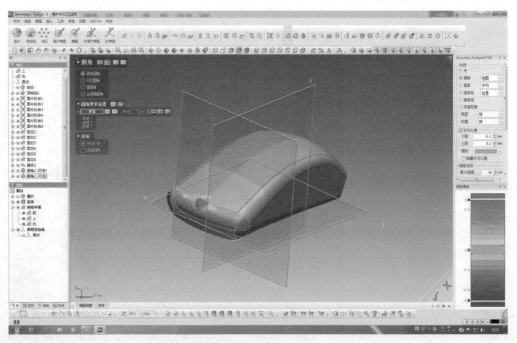

图 3–82
设置圆角 3

步骤十四：单击"圆角"按钮，选择固定圆角为 4 mm，效果如图 3-83 ~ 图 3-84 所示。

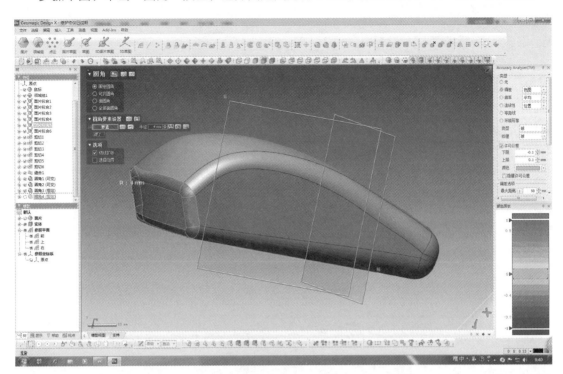

图 3-83
设置圆角 4

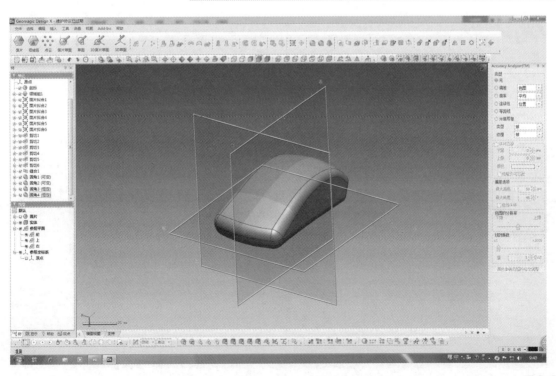

图 3-84
完成倒圆角

步骤十五：插入领域，如图 3-85 ～图 3-86 所示。

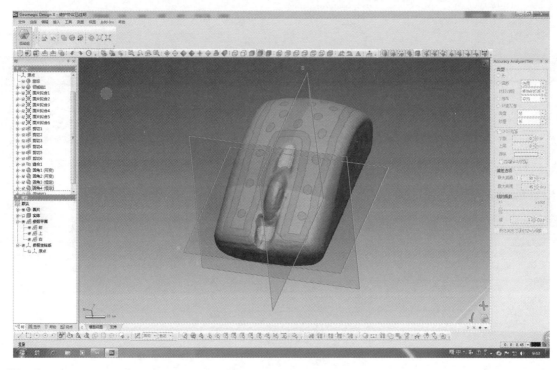

图 3-85
插入领域 1

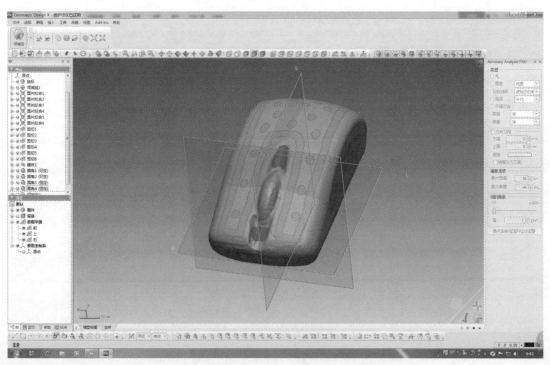

图 3-86
插入领域 2

步骤十六：单击"面片拟合"按钮，分辨率选择许可偏差为 0.1，如图 3-87 ~ 图 3-88 所示生成曲面。

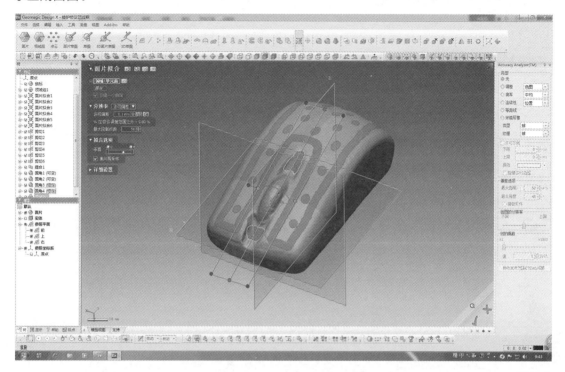

图 3-87
设置面片拟合

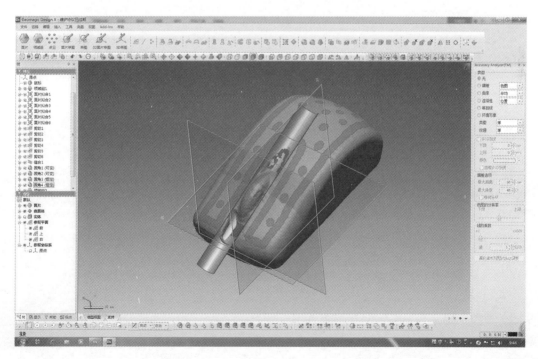

图 3-88
完成面片拟合

步骤十七：单击"剪切"按钮，工具选择"面片拟合7"，对象选择实体，单击"下一步"按钮，选择残留体，如图3-89~图3-91所示，完成修剪。

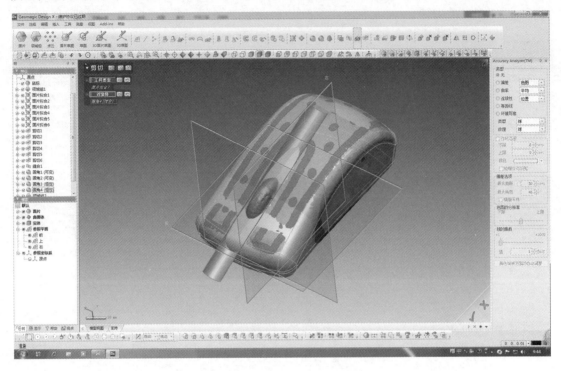

图 3-89
设置实体修剪 1

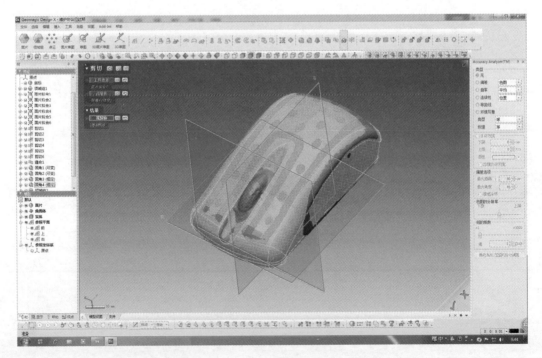

图 3-90
设置实体修剪 2

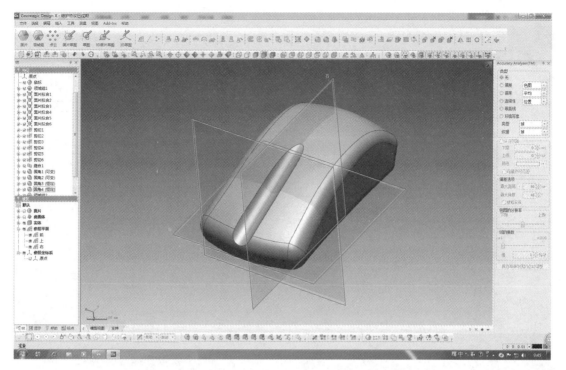

图 3-91
完成修剪

步骤十八：单击"面片草图"按钮，选择"前平面"选项，单击"下一步"按钮，使用圆工具和直线工具绘制草图如图 3-92 ~ 图 3-94 所示。

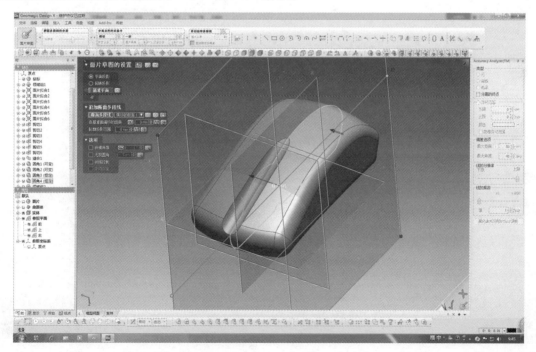

图 3-92
绘制草图 1

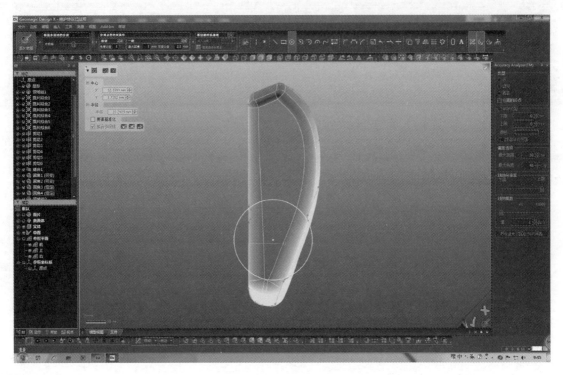

图 3-93
绘制草图 2

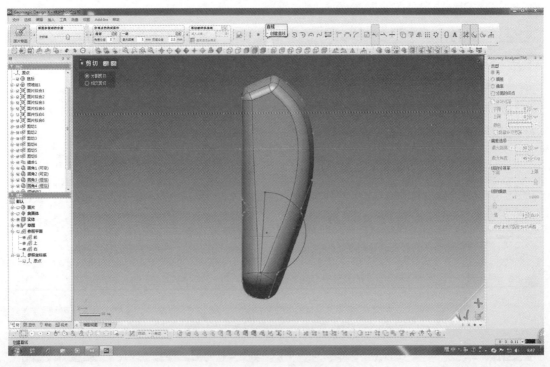

图 3-94
绘制草图 3

步骤十九：单击"拉伸"按钮，选择"面片草图1"选项，方向选择平面"中心对称"，长度选择7 mm，勾选完成拉伸，如图3-95～图3-96所示。

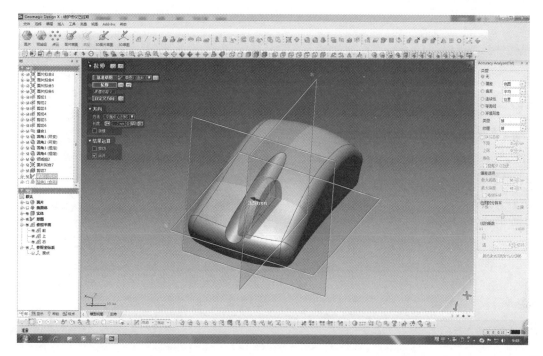

图 3-95
拉伸实体

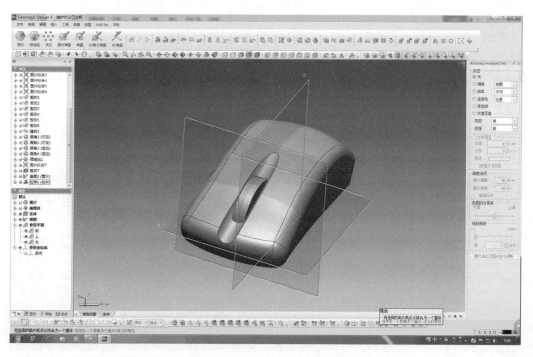

图 3-96
完成拉伸

步骤二十：单击"圆角"按钮，选择固定圆角为 3 mm，效果如图 3-97 所示。

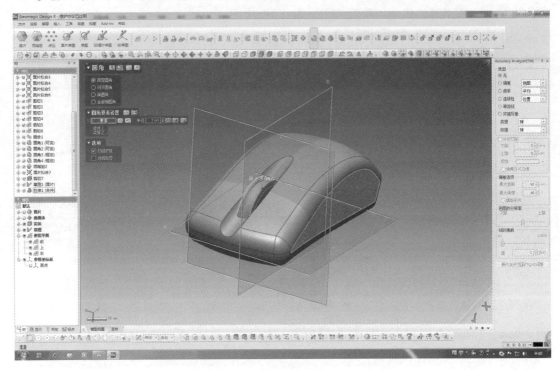

图 3-97
倒圆角 1

步骤二十一：单击"圆角"按钮，选择固定圆角为 0.5 mm，效果如图 3-98 所示。

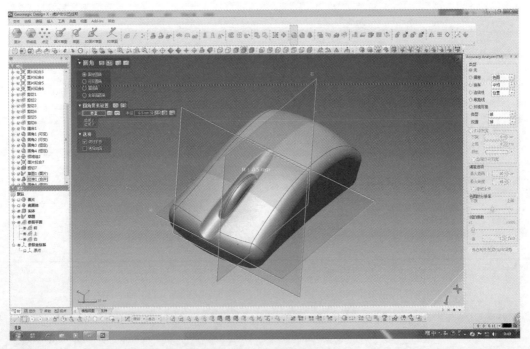

图 3-98
倒圆角 2

步骤二十二：单击"面片草图"按钮，选择"前平面"选项，向上偏移 1 mm 截取面片草图，单击"下一步"按钮，做草图如图 3-99 ~ 图 3-100 所示。

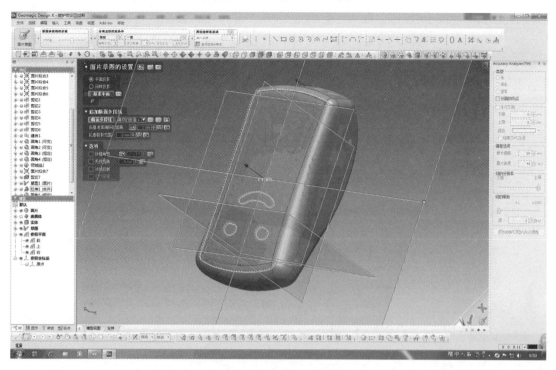

图 3-99
向上偏移 1 mm 截取面片草图

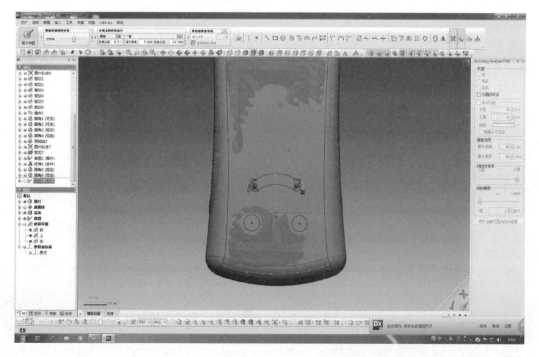

图 3-100
完成草图绘制

步骤二十三：单击"拉伸"按钮，选择"面片草图 2"选项，拉伸距离 1 mm，勾选剪切，完成拉伸如图 3−101 所示。

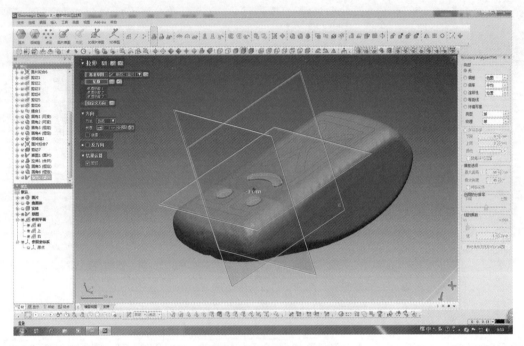

图 3−101
完成拉伸

步骤二十四：单击"圆角"按钮，选择固定圆角为 0.4 mm，效果如图 3−102 所示。

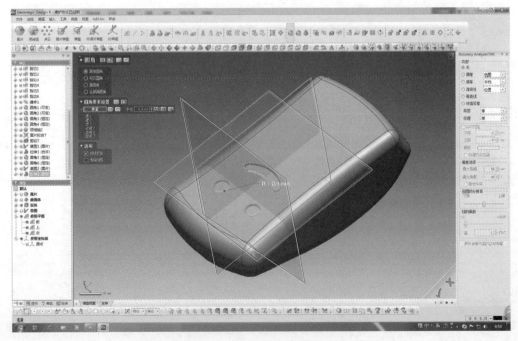

图 3−102
倒圆角

步骤二十五：完成三维建模如图 3-103 所示。

图 3-103
完成三维建模

任务 4
鼠标误差检测分析

视频
鼠标检测

任务导引

1. 任务描述
应用 Geomagic Control 软件将逆向建模得到的 CAD 模型和原始点云数据进行误差比对。

2. 任务材料
任务 2 中经过降噪处理的点云数据和任务 3 中逆向建模得到的 CAD 模型。

3. 任务技术要求
两数据模型对齐时不能出现明显错位，平均误差和均方差要在合理范围内，保证最终分析结果的可靠性。

任务实施

1. 打开/导入点云数据文件和 CAD 模型文件并设置属性
步骤一：导入两个数据文件。

打开 Geomagic Control 软件，单击左上角软件功能按钮，在弹出的菜单中单击"打开"或"导入"命令，打开或导入之前修改过的面片文件"Mouse _ Cloud. stl"，然后把它转换为点云（也可以不转换，读者可以用面片和点云分别尝试）。再导入依据点云数据建立的模型文件"Mouse _ CAD. stp"。

步骤二：设置两数据的属性。

软件系统将默认点云数据为 TEST 属性，即测试对象；CAD 模型默认为 REF 属性，即参考对象。

若属性错误或属性不慎被删除，则可右击模型管理器中的点云数据和 CAD 模型，在弹出菜单中分别选择"设置 Test"和"设置 Reference"命令。

注意本例导入的为面片数据，故模型管理器的图标显示为面片。

2. 对齐测试对象和参考对象

本例仍然用直接最佳拟合对齐的方式，尝试对齐两个对象，这种对齐方式综合误差最小。单击"开始"选项卡中的"最佳拟合对齐"命令。在弹出对话框的选项子对话框中勾选"高精度拟合"复选框，单击"应用"按钮，可以看到两对象基本已对齐，然后再勾选"只进行微调""自动消除偏差"复选框，测试对象做微小的移动后对齐效果更佳，如图3-104 所示。

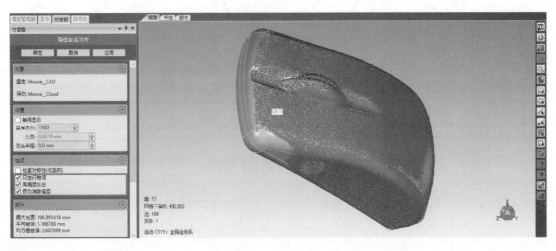

图 3-104
最佳拟合对齐

如果对象发生了移动就需要依靠建立特征、对齐特征的方法对齐，特征对齐的方法在之前的项目中已经做了介绍。

3. 对测试对象进行 3D 分析

选择"开始"选项卡中的"3D 比较"命令，在弹出的对话框中，单击"应用"按钮，则比较结果以彩色偏差云图的形式显示出来，如图 3-105 所示。

偏差最大的位置用红色和蓝色表示，偏差值最小的位置用青色表示，一般偏差数值越大颜色越深，偏置数值越小颜色越浅。可以在左侧对话框的色谱栏中调整最大临界值、最大名义值和颜色段等。最大偏差和标准偏差等重要数值可以在统计栏中查看。

通过 3D 比较，可以直观地查看扫描数据的误差大小或逆向建模后的 CAD 模型与原模型的各个对应位置的误差大小。

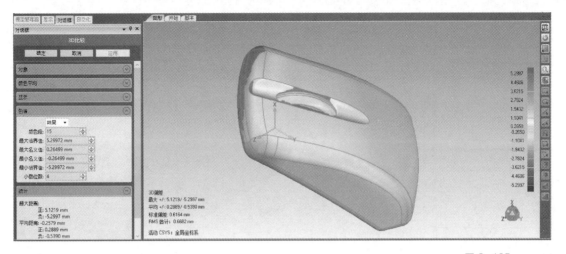

图 3-105
3D 比较的彩色偏差云图

4. 创建注释

要获取点云某位置的误差,选择"开始"选项卡中的"创建注释"命令,单击彩色偏差云图的该位置拖拽一下,就会显示该位置的总偏差和 X、Y、Z 三个方向的偏差,如图 3-106 所示。

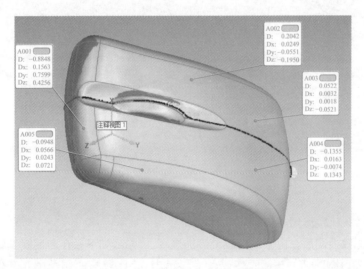

图 3-106
为 3D 彩色偏差云图添加注释

单击左侧对话框中的"保存"按钮,保存的注释及视图就会保存在模型管理器结果树下的注释视图中,以备查看。

5. 2D 比较

步骤一:选取截面创建 2D 比较。

选择"开始"选项卡中的"2D 比较"命令,在弹出的对话框中,确定需要测量的截面位置,本例选取与全局坐标系的 YZ 平面平行,Z 方向位置为 0 的平面如图 3-107 所示,单击"计算"按钮后得到的截面 2D 比较彩色偏差图的正视图如图 3-108 所示,误差较小时可以适当增大缩放比例来更明显的查看误差的分布,最后单击保存按钮,本例缩放比例定为 5 倍。

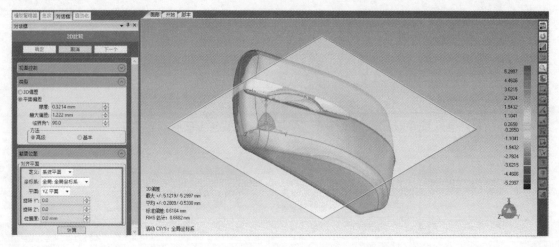

图 3-107
2D 比较截取平面

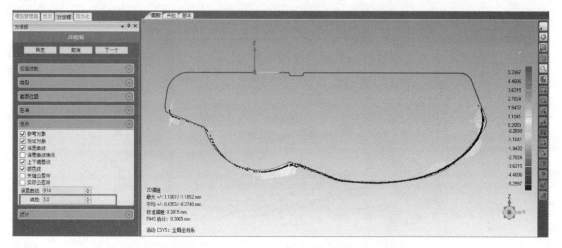

图 3-108
2D 比较彩色偏差图

步骤二：为 2D 比较添加注释。

创建完 2D 比较视图后，也可以在其上添加注释。方法如下：在左侧模型管理器中单击之前创建完成的"2D 比较 1"，右侧工作区就会显示出 2D 比较彩色偏差图，选择"开始"选项卡的"创建注释"命令，选中需添加注释的位置并拖拽就可以像在 3D 比较视图中一样创建注释，创建完成的视图如图 3-109 所示，在图形区下面一栏显示各位置的明细情况。

6. 截取横截面并标注尺寸

步骤一：截取横截面。

选择"开始"选项卡中的"贯穿对象截面"命令，在左侧弹出的对话框中选择截面位置，本例选择全局坐标系的 XY 平面，位置度仍然选 0 位置。单击"计算"按钮后就会显示截取的横截面如图 3-110 所示，而后保存，则在 CAD 模型树和点云模型树中同时产生一个横截面"Section A-A"。

步骤二：标注尺寸。

选择"开始"选项卡中的 2D 尺寸，用于创建 2D 尺寸标注。

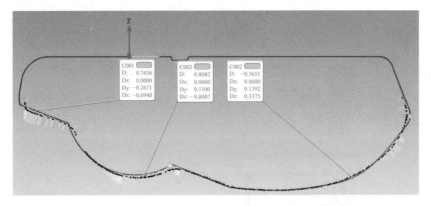

图 3-109
2D 比较——添加注释

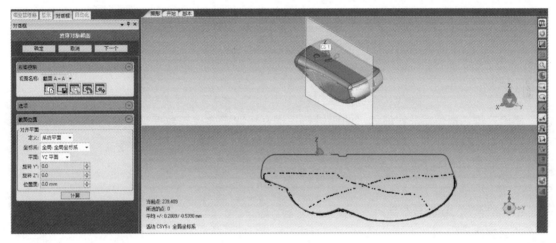

图 3-110
截取横截面

7. 生成检测报告

选择"报告"选项卡中的"创建报告"命令，勾选"PDF"复选框，就会生产一个 .pdf 格式的报告文件，该报告中包含了之前创建的比较、注释、尺寸等。

项目4

曲面异形零件逆向设计及检测

学习目标

　　使用三维扫描仪对非对称异形曲面进行扫描，提取正确点云数据，并使用 Geomagic Wrap 软件进行点云数据处理，用逆向建模软件进行逆向建模，并进行三维数据检测。

知识点

　　境界拟合与 3D 面片草图
　　曲面放样
　　曲面缝合实体

项目引入

　　对于一件非对称的曲面异形零件(U 形杯)，为了更好地了解非对称件且有内凹曲面的零件，满足大家对非对称产品的审美需求，利用逆向工程技术对曲面异形零件(U 形杯)的外观、功能进行再创新、再设计。

任务 1
曲面异形零件三维数据采集

任务导引

1. 任务描述

使用扫描仪完成给定曲面异形零件(U 形杯)各面的三维扫描。

2. 任务材料

曲面异形零件(U 形杯)实物。

3. 任务技术要求

高精度完成给定曲面异形零件(U 形杯)各面的三维扫描,保存扫描得到的数据为 . asc 格式的文件或者 . ply 格式的文件。

一、知识准备

观察发现该曲面异形零件(U 形杯)整体结构不是一个对称模型,为了更方便、更快捷,我们使用辅助工具(转盘)来对其进行拼接扫描。辅助扫描能够节省扫描的时间,同时也可以减少贴点的数量。

二、任务实施

步骤一: 标定完成后,直接打开软件单击键盘空格进行扫描。单击"T"键打开白光。计算机显示标志点是绿色时,就可以进行扫描,如图 4-1 所示。

步骤二: 转动转盘一定角度,必须保证与上一步扫描有公共重合部分,这里说的重合是指绿色标志点重合,即上一步骤和本步骤能够同时看到至少四个标志点(本单目设备为三点拼接,但是建议使用四点拼接),如图 4-2 所示。

步骤三: 同步骤二类似,向同一方向继续旋转一定角度扫描,如图 4-3 所示。

步骤四: 前面四步骤已经把 U 形杯的上表面数据扫描完成,工件为非对称件,调整工件角度继续扫描,如图 4-4 ~ 图 4-6 所示。

到此为止,扫描工作完成。在软件中选择"保存所有点云",将扫描数据另存为 . ply 或者 . asc 格式的文件即可。

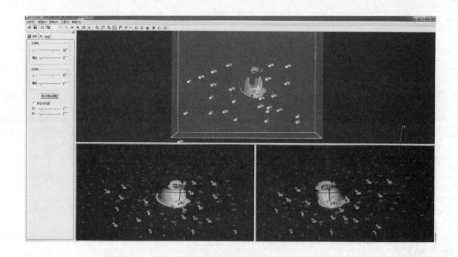

图 4-1
步骤一

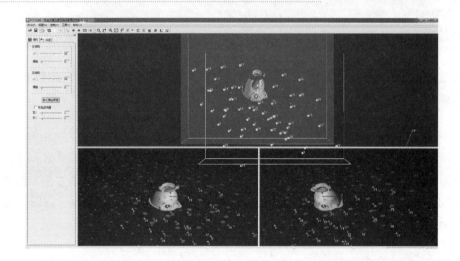

图 4-2
步骤二

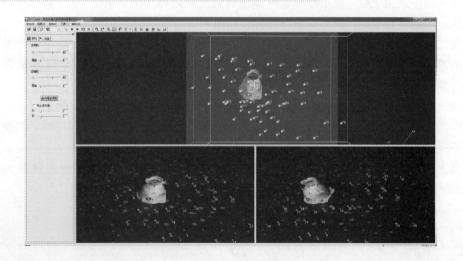

图 4-3
步骤三

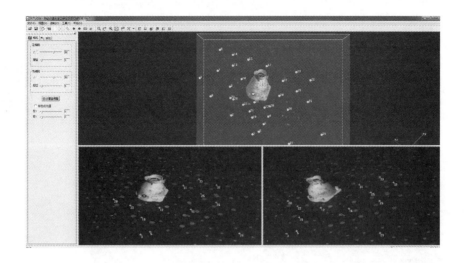

图 4-4
步骤四(1)

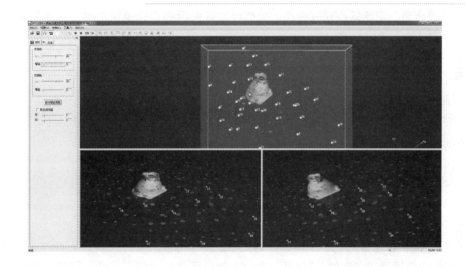

图 4-5
步骤四(2)

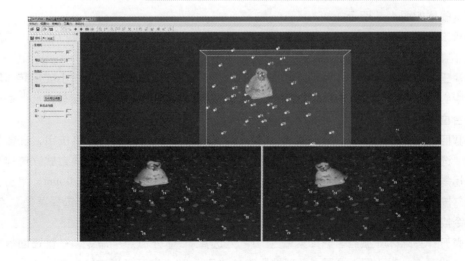

图 4-6
步骤四(3)

任务 2
曲面异形零件点云数据处理

视频
曲面异形零件
点云处理

任务导引

1. 任务描述

使用 Geomagic Wrap 软件对获得的点云进行相应取舍，对曲面异形零部件（U 形杯）扫描的点云数据进行修复，剔除噪点和冗余点。提交经过取舍后的点云电子文档，保存为 .stl 格式的文件。

2. 任务材料

前一个任务保存的 .asc 或者 .ply 格式的文件。

3. 任务技术要求

提交的扫描数据与标准三维模型各面数据进行比对，组成面的点基本齐全（以点足以建立曲面为标准）。

任务实施

1. 点云导入

步骤一：打开扫描保存的"Uxingbei. ply"或"Uxingbei. asc"文件。启动 Geomagic Wrap（Studio）软件，选择菜单"文件""打开"命令或单击工具栏上的"打开"图标，系统弹出"打开文件"对话框，查找 U 形杯数据文件并选中"Uxingbei. asc"文件，然后单击"打开"，在工作区显示载体如图 4-7 所示。

步骤二：将点云着色。为了更加清晰、方便地观察点云形状，将点云进行着色。选择菜单栏"点""着色点"命令，着色后的视图如图 4-8 所示。

步骤三：设置旋转中心。为了更加方便地观察点云，可以进行放大、缩小或旋转，需要设置旋转中心。在操作区域单击鼠标右键，在弹出的快捷菜单中选择"设置旋转中心"命令，在点云适合位置单击即可，如图 4-9 所示。

步骤四：选择非连接项。选择菜单栏"点""选择"命令断开组件连接按钮，在管理面板中弹出"选择非连接项"对话框。在"分隔"的下拉列表中选择"低"分隔方式，这样系统会选择在拐角处离主点云很近但不属于它们一部分的点。"尺寸"为默认值 5.0 mm，单击上方的"确定"按钮。点云中的非连接项被选中，并呈现红色，如图 4-10 所示。选择菜单"点""删除"命令或按"Delete"键将红色非连接部分点云删除。

步骤五：去除体外孤点。选择菜单栏"点""选择""体外孤点"命令，在管理面板中弹出"选择体外孤点"对话框，设置"敏感性"的参数值为 80，也可以通过单击右侧的两个三角形按钮增加或减少"敏感性"的值。此时体外孤点被选中，呈现红色，如图 4-11 所示。选择菜单栏"点""删除"命令或按"Delete"键来删除选中的点。

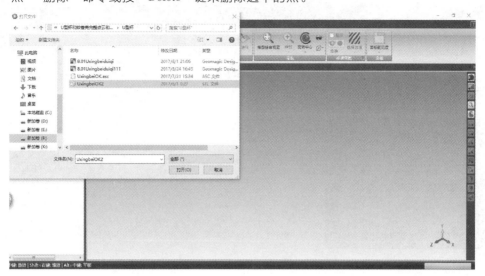

图 4-7
点云导入

图 4-8
点云着色

图 4-9
设置旋转中心

图 4-10
选择非连接项

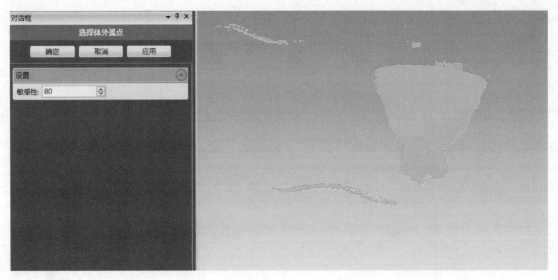

图 4-11
去除体外孤点

步骤六：删除非连接点云。选择工具栏中的"选择工具"命令，配合工具栏中的按钮一起使用，将非连接点云删除，如图 4-12 所示。

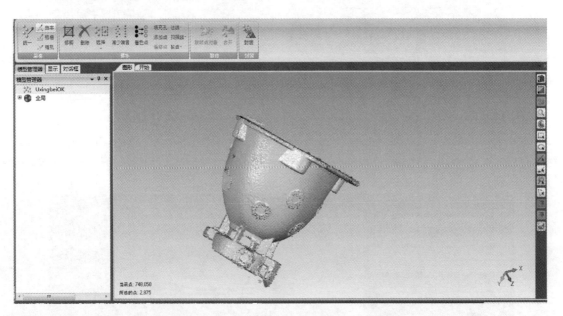

图 4-12
删除非连接点云

步骤七：减少噪音。选择菜单栏"点""减少噪音"命令，在管理面板中弹出"减少噪音"对话框，如图 4-13 所示。将"棱柱形（积极）"的"平滑度水平"滑标滑到无。迭代为 3，偏差限制为 0.08。

步骤八：封装数据。选择菜单栏"点""封装"命令，弹出如图 4-14 所示的"封装"对话框，单击"确定"按钮，使点云数据转换为多边形模型。

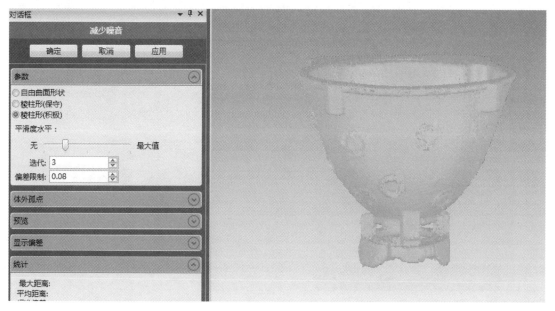

图 4-13
减少噪音

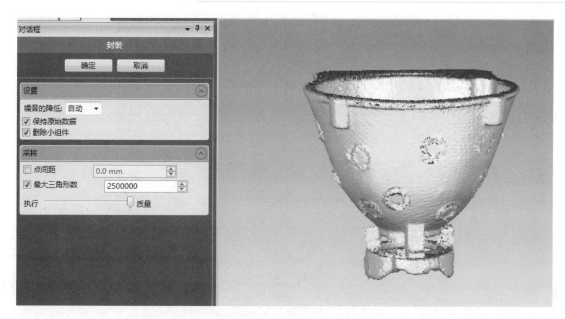

图 4-14
封装数据

2. 多边形修补

步骤一：删除钉状物。选择菜单栏"多边形""删除钉状物"命令，在模型面板中弹出如图 4-15 所示的"删除钉状物"对话框。"平滑级别"选择中间位置，单击"应用"按钮。

步骤二：填充孔。选择菜单栏"多边形""全部填充"命令，在模型面板中弹出如图 4-16 所示的"全部填充"对话框。可以根据孔的类型搭配选择不同的方法进行填充。

步骤三：去除特征。该命令用于删除模型中不规则的三角形区域，并且插入一个更有秩序且与周边三角形连接更好的多边形网格。但必须先用手动选择的方式选择需要去除特征的区域，然后选择"多边形""去除特征"命令，如图4-17所示。

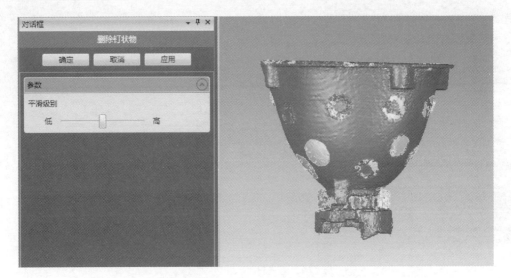

图4-15
删除钉状物

图4-16
填充孔

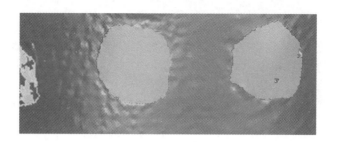

图 4-17
去除特征

点云文件最终处理效果如图 4-18 所示。

图 4-18
最终处理效果

3. 数据保存

单击左上角软件图标，文件另存为"Uxingbei. stl"文件，如图 4-19 所示。

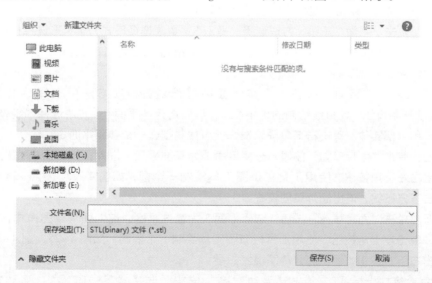

图 4-19
数据保存

任务 3
曲面异形零件三维逆向建模

视频
曲面异形零
件建模 1

视频
曲面异形零
件建模 2

任务导引

1. 任务描述

使用 Design-X 软件，完成曲面异形零件(U 形杯)的外观三维建模。

2. 任务材料

任务 2 得到 . stl 格式文件。

3. 任务技术要求

面的建模质量好，合理拆分曲面，面与面之间拟合度高，平均误差小于 0.1 mm，不能整体拟合。

任务实施

1. 创建坐标系

步骤一：导入处理完成的"Uxingbei. stl"数据，选择菜单栏"插入""导入"命令，选择"Uxingbei. stl"文件，单击"仅导入"按钮，如图 4-20 所示。

步骤二：单击"平面"按钮，方法选择"提取"，更改选择模式为"矩形选择模式"，在零件的底端平面区域选择领域创建参照平面，单击右下角确认操作，即可成功创建一个参照平面1，如图 4-21 所示。

步骤三：单击"平面"按钮，将实体面向屏幕对齐，在方法中选择绘制直线，如图 4-22 绘制一条直线，此直线绘制的是平面 2，然后选择"平面"，方法选择"镜像"，要素选择平面 2 和全部实体，单击右下角确认操作即可成功创建一个参照平面 3。

步骤四：单击"面片草图"按钮，选择平面 1 为基准平面，进入面片草图模式，截取需要的参照线单击左上角按钮。使用工具栏草图工具绘制一个圆，如图 4-23、图 4-24 所示的草图。单击右下方按钮，退出面片草图模式。

步骤五：单击"面片草图"按钮，选择平面 3 为基准平面，进入面片草图模式，截取需要的参照线，单击左上角按钮。使用工具栏草图工具绘制一个椭圆，如图 4-25、图 4-26 所示的草图。单击右下方按钮，退出面片草图模式。

步骤六：建立坐标系。单击"手动对齐"按钮，选择"下一阶段"，移动方法选择"X–Y–Z"，位置选项选择平面 3 草图的中心点，X 轴选择"平面 3"，Z 轴选择"平面 1"。如图 4-27 ~ 图 4-29 所示，为参数设置选项，单击"确定"按钮，退出手动对齐模式。坐标系创建完成(用于辅助建立坐标系的参照平面 1 及草图 1 在建立坐标系之后可隐藏或删除）。

图 4-20
导入文件

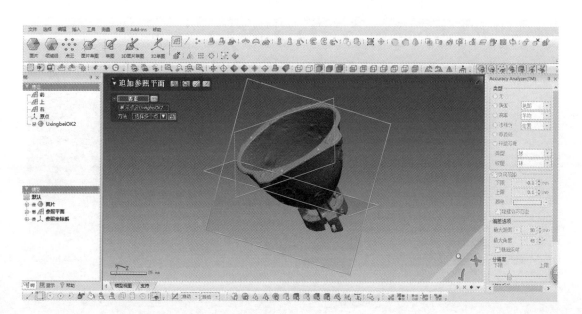

图 4-21
创建平面 1

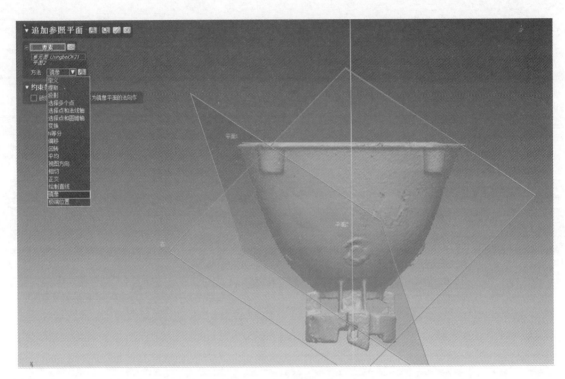

图 4-22
创建平面 2

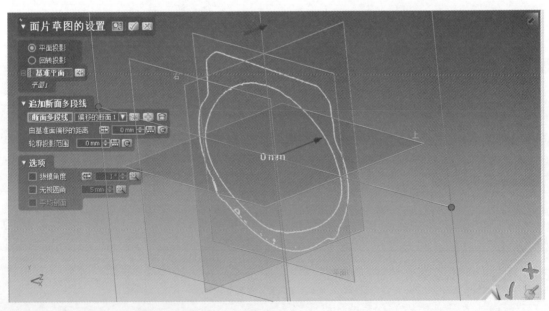

图 4-23
绘制面片草图 1

152　项目4　　　曲面异形零件逆向设计及检测

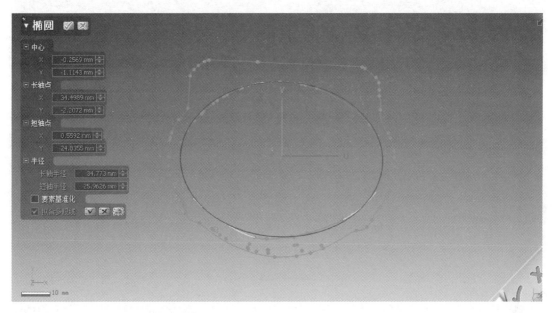

图 4-24
绘制面片草图 2

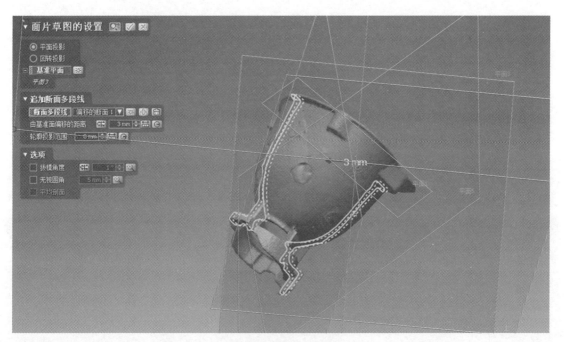

图 4-25
设置面片草图

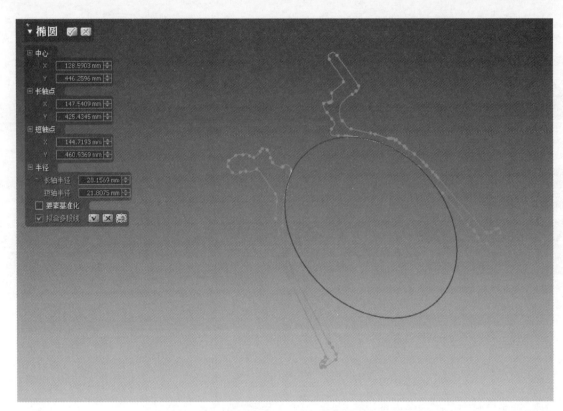

图 4-26
完成椭圆绘制

图 4-27
参数设置 1

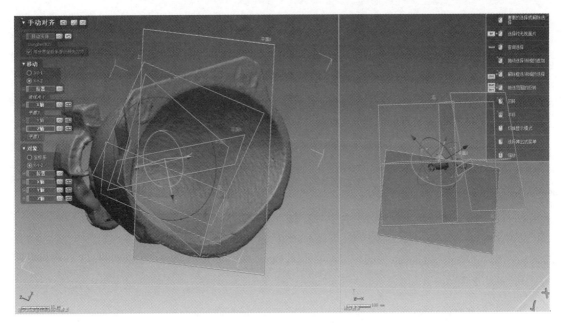

图 4-28
参数设置 2

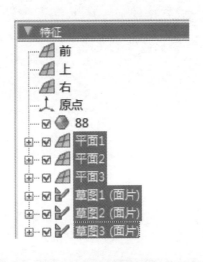

图 4-29
参数设置 3

2. 三维建模

步骤一：单击"面片草图"按钮，在 U 形杯上绘制如图 4-30 所示草图，草图绘制过程中要注意插入点数的控制，插入点数的大小可以控制后续境界拟合曲面的平滑程度。

步骤二：单击"境界拟合"按钮，参数设置如图 4-31 所示，面片曲线选择刚建立的草图，曲线环选择整个草图几条线，选择"确定"按钮，形成拟合曲面。

利用同样的操作方法创建草图 2 和境界拟合 2，对 U 形杯另一侧杯体进行曲面拟合，拟合结果如图 4-32 所示。

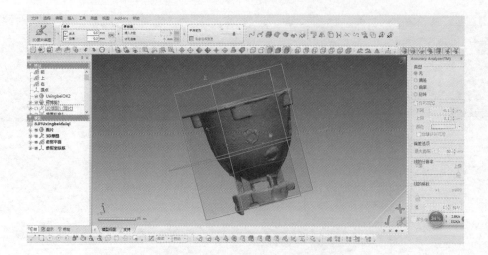

图 4-30
绘制草图

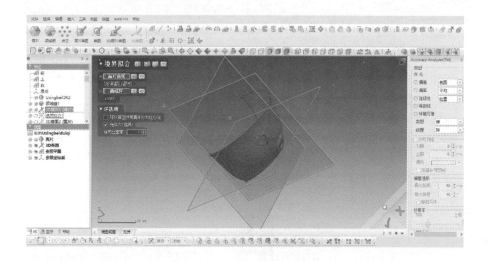

图 4-31
拟合曲面 1

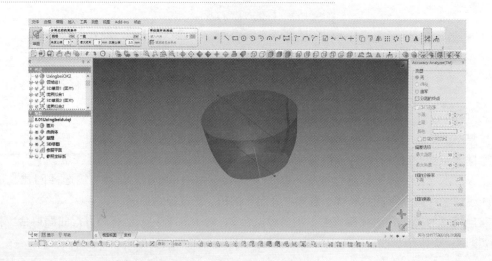

图 4-32
拟合曲面 2

步骤三：草图 1，将境界拟合 1 和境界拟合 2 两个曲面的底部剪切平齐，在上视基准面上绘制两条直线，如图 4-33 所示。

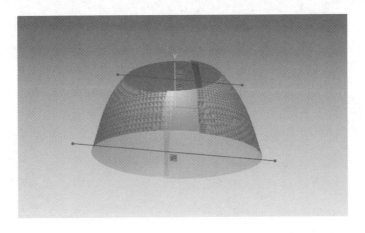

图 4-33
绘制草图 1

步骤四：曲面拉伸 1，将草图绘制的直线拉伸成两个平面，与境界拟合 1 和境界拟合 2 曲面相交，参数设置如图 4-34 所示。

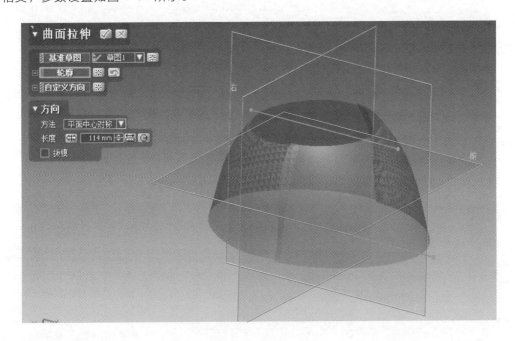

图 4-34
绘制平面

步骤五：剪切 1，将拉伸实体 1、境界拟合 1、境界拟合 2 进行剪切，剪切工具要素选择上下两个拉伸实体，对象选择境界拟合 1 和境界拟合 2，单击"下一步"按钮，残留体选择中间保留的部分，如图 4-35 所示。

步骤六：草图 2，在境界拟合 1 和境界拟合 2 两个曲面连接的衔接处右视基准面上绘制两条直线，如图 4-36 所示。

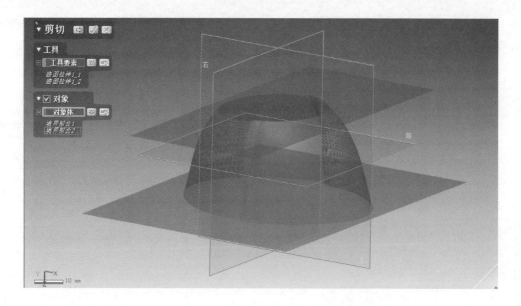

图 4-35
剪切平面

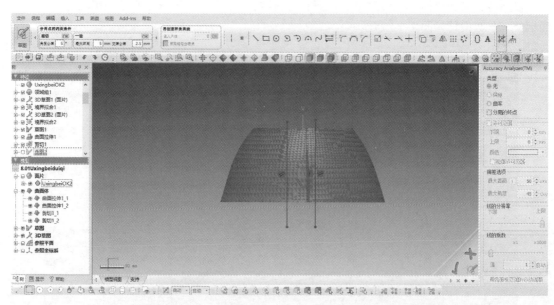

图 4-36
绘制草图 2

步骤七：曲面拉伸 2，将草图 2 中两条直线拉伸形成两个平面，与境界拟合 1 及境界拟合 2 曲面相交，参数设置如图 4-37 所示。

步骤八：剪切 2，将上个步骤两个平面中间的部分剪切，如图 4-38 所示。

步骤九：曲面放样 1，上个步骤之后，将境界拟合 1 和境界拟合 2 中间去除，曲面放样将两个曲面中间剪切的部分连接，参数设置中的约束条件起始约束选择"与面相切"，终止约束选择"与面相切"，如图 4-39 所示。同样的方式放样曲面 2，如图 4-40 所示。

步骤十：缝合 1，将上述放样完之后的曲面进行缝合，曲面体选择 4 个曲面如图 4-41 所示。

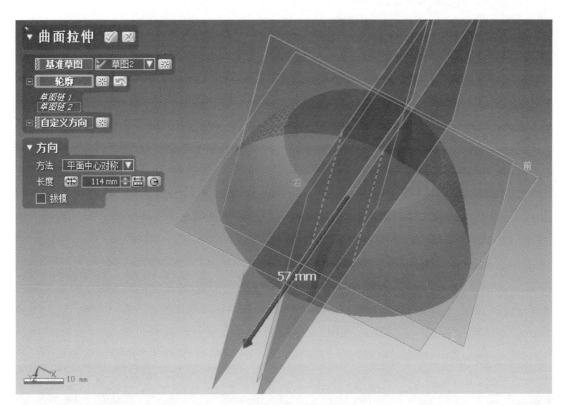

图 4–37
绘制平面

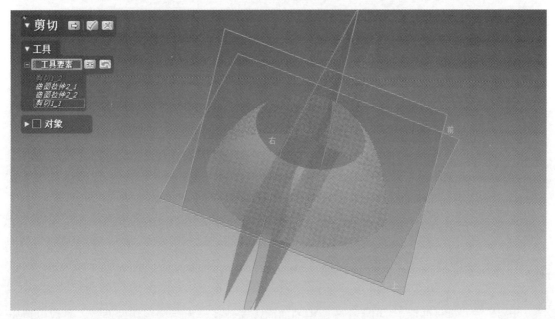

图 4–38
剪切平面

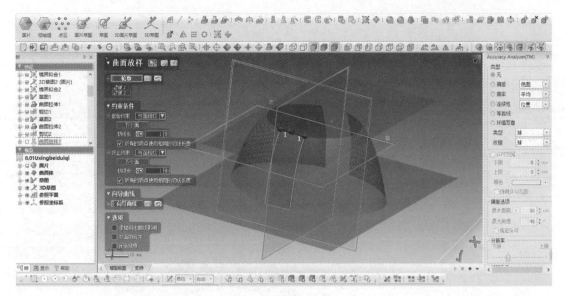

图 4-39
曲面放样 1

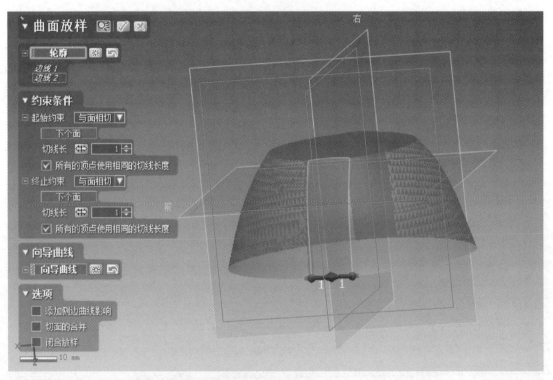

图 4-40
曲面放样 2

步骤十一：延长曲面 1，将上个步骤中的曲面大端延长，为后续剪切做准备，参数设置如图 4-42 所示。

步骤十二：平面 1，在 U 形杯大端面创建参考面，追加平面，方法选择"多个点"，在大端面上取 3 个以上点创建平面 1，如图 4-43 所示。

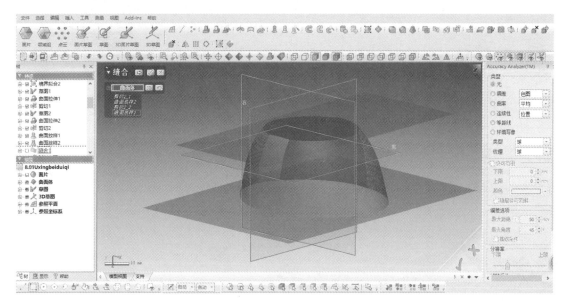

图 4-41
缝合曲面

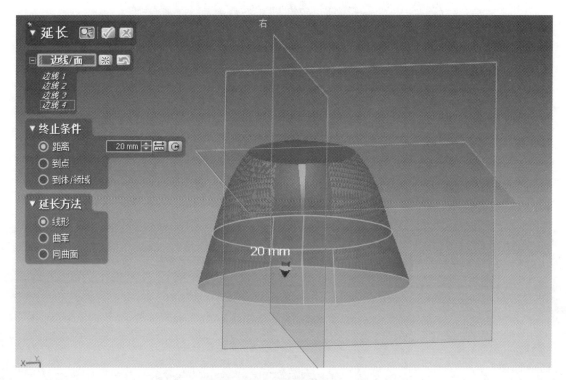

图 4-42
延长曲面

步骤十三：平面 2，以平面 1 为基准向 U 形杯小端面创建平面 2，方法选择"偏移"，拖动箭头移动到小端圆面，如图 4-44 所示。

步骤十四：草图 5，在平面 2 上创建"面片草图"，截取小端面圆形，绘制草图 5，如图 4-45 所示。

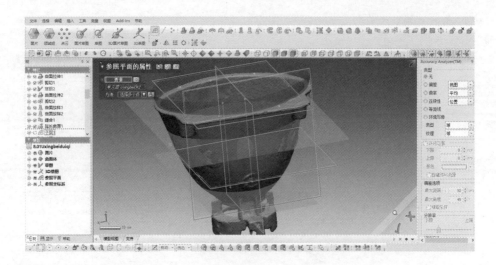

图 4-43
创建平面 1

图 4-44
创建平面 2

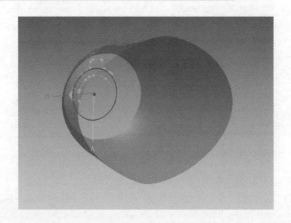

图 4-45
绘制草图 5

步骤十五：曲面放样 3，将缝合之后的曲面小端和草图 5 绘制的小圆进行放样，轮廓选择这两个圆，起始约束选择"与面相切"，终止约束选择"无"，参数设置如图 4-46 所示。

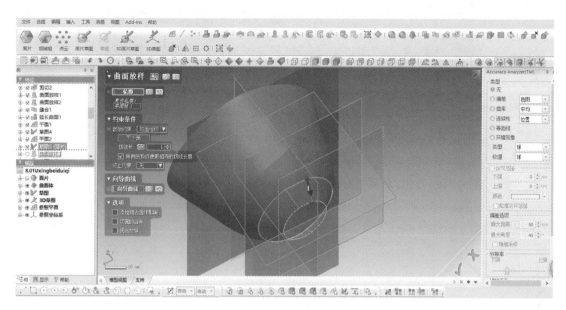

图 4-46
曲面放样 3

步骤十六：草图 4，在平面 1 上创建草图 4，绘制两条直线，为后续绘制平面及剪切做准备，如图 4-47 所示。

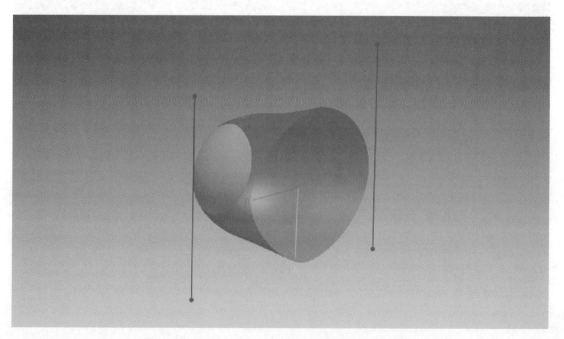

图 4-47
绘制直线

步骤十七：曲面放样 4，在草图 4 上进行曲面放样，放样出一个平面，如图 4-48 所示。

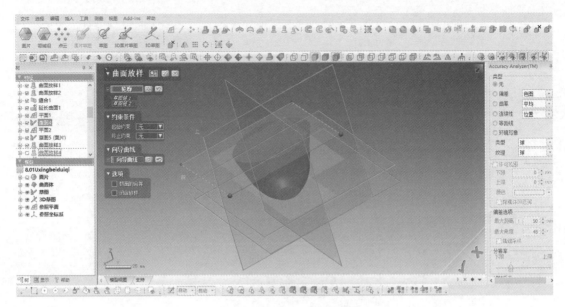

图 4-48
曲面放样 4

步骤十八：剪切 3，将上个步骤的曲面与延长曲面 1 进行剪切，剪切之后需要组合成实体，所以剪切对象选择无，如图 4-49 所示。

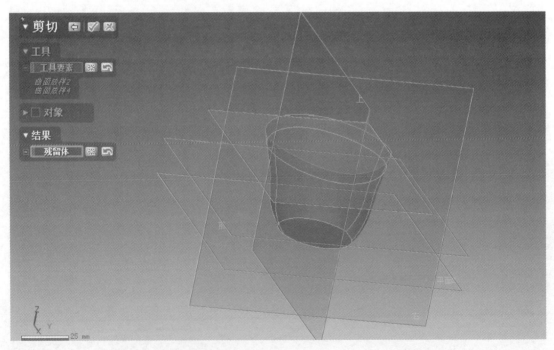

图 4-49
剪切曲面

步骤十九：面填补 1，将小端面圆形填补成一个面，边线选择"小圆"，填补底面小圆与 U 形杯杯身，如图 4-50 所示。

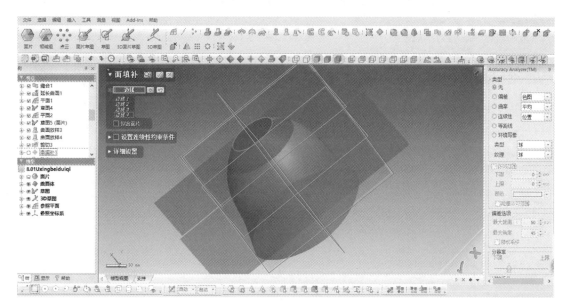

图 4-50
填补曲面

步骤二十：缝合 2，将之前的所有曲面进行缝合，曲面体选择步骤十八、十九的曲面，参数设置如图 4-51 所示。

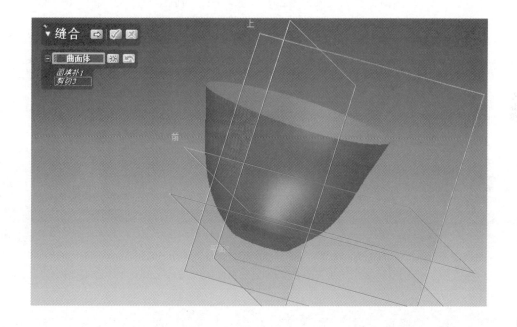

图 4-51
缝合曲面

步骤二十一：抽壳 1，步骤二十完成后得到一个实体，对实体进行抽壳，单击"抽壳"按钮，曲面体选择步骤十九中的曲面，深度为 2 mm，面选择"上下两个面"，如图 4-52 所示。

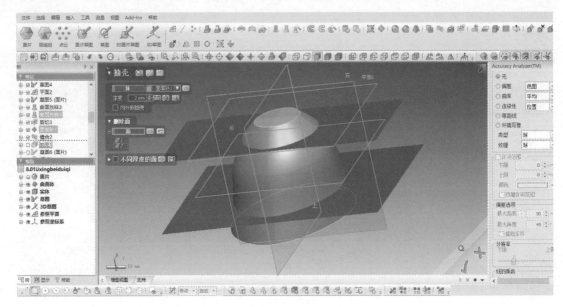

图 4-52
抽壳

步骤二十二：草图 6，在平面 1 上创建"面片草图"，截取 U 形杯大端面轮廓形状，绘制草图 6，如图 4-53 所示。

步骤二十三：领域组 1，在大端面的背部划分领域组，为后续拉伸实体做准备，如图 4-54 所示。

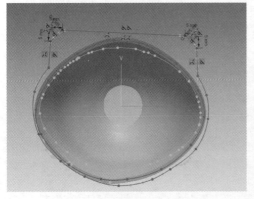

图 4-53
绘制草图 6

图 4-54
划分领域组

步骤二十四：拉伸 1，将草图 6 所画的轮廓线进行拉伸，轮廓选择草图环路 1，方向中的方法选择"到领域"，运算结果选择"合并"，如图 4-55 所示。

步骤二十五：平面 3，在大端面底部凸耳的面上创建平面 3，方法选择"选择多个点"，如图 4-56 所示。

步骤二十六：草图 7，在平面 3 上创建"面片草图"，截取凸耳的轮廓线，绘制凸耳草图 7，如图 4-57 所示。

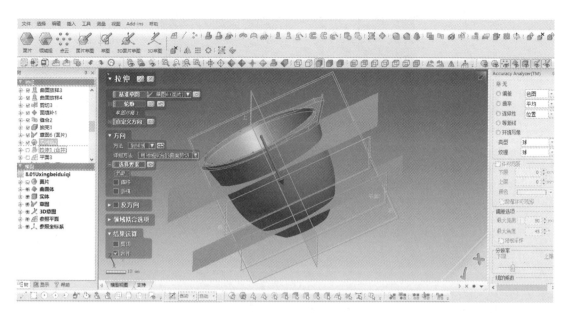

图 4-55
拉伸实体

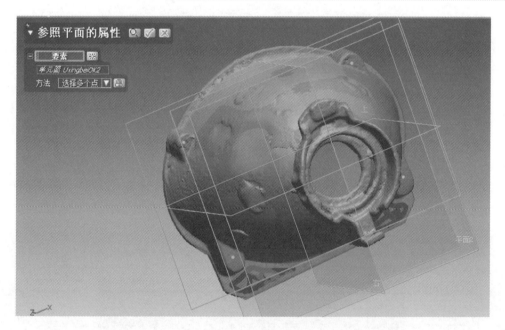

图 4-56
创建平面 3

步骤二十七：曲面偏移 1，选择 U 形杯内壁曲面，偏移出一个曲面，为后续剪切做准备，如图 4-58 所示。

步骤二十八：拉伸 2，在基准草图 7 中轮廓选择绘制的草图线，调整方向为大端面，拔模角度为 2°，结果运算选择"合并"，参数设置如图 4-59 所示。

步骤二十九：剪切 4，工具选择平面 1，对象选上一步骤拉伸面，单击"下一步"按钮，选择残留体如图 4-60 所示。

图 4-57
绘制草图 7

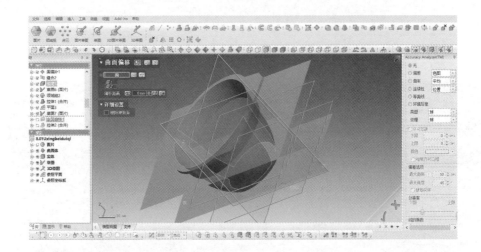

图 4-58
偏移曲面

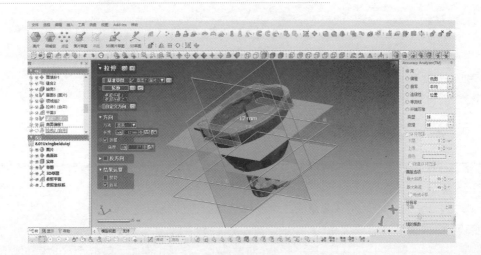

图 4-59
拉伸实体

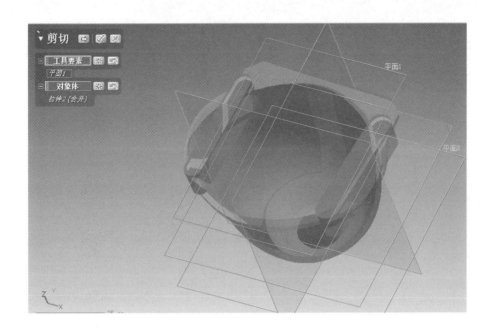

图 4-60
剪切平面 4

步骤三十：剪切 5，工具要素选择"曲面偏移 1"，对象体选择"剪切 4"，单击"下一步"按钮选择残留体，参数设置如图 4-61 所示。

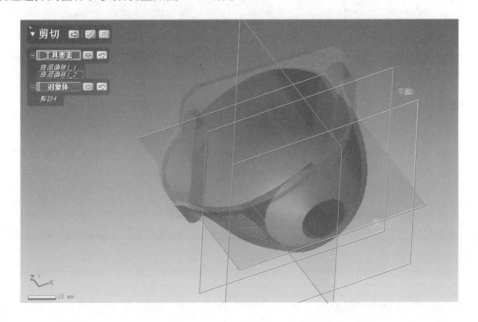

图 4-61
剪切平面 5

步骤三十一：平面 4，以平面 2 为基准向 U 形杯底座创建平面，方法选择"偏移"，拖动箭头移动方向，偏移选项距离适当，如图 4-62 所示。

步骤三十二：草图 8，在平面 4 上创建面片草图，截取底座轮廓线，并绘制草图 8，如图 4-63 所示。

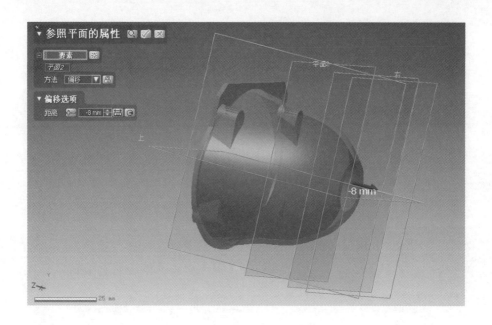

图 4-62
创建平面 4

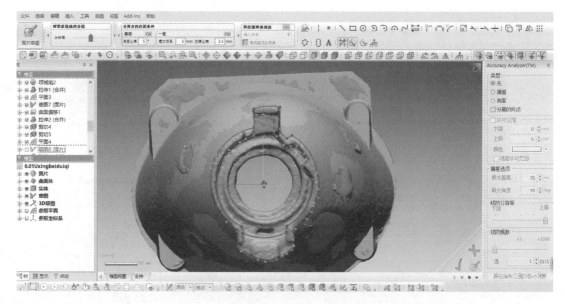

图 4-63
绘制草图 8

　　步骤三十三：拉伸 3，将草图 8 绘制的草图进行拉伸，拖动箭头选择正确方向，调整距离，参数设置如图 4-64 所示。

　　步骤三十四：草图 9，在平面 4 上继续创建面片草图，截取轮廓线，如图 4-65、图 4-66 所示。

　　步骤三十五：领域组 2，在如图 4-67 所示位置划分领域组，为后续草图 9 的拉伸实体做准备。

　　步骤三十六：拉伸 4，将草图 9 上绘制的轮廓线进行拉伸，方向中的方法选择"到领域"，运算结果选择"合并"，如图 4-68 所示。

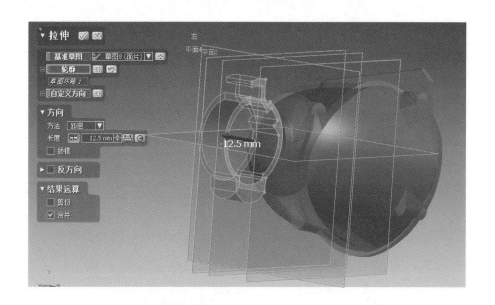

图 4-64
拉伸草图

图 4-65
创建面片草图(1)

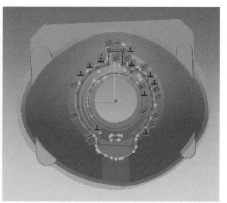

图 4-66
创建面片草图(2)

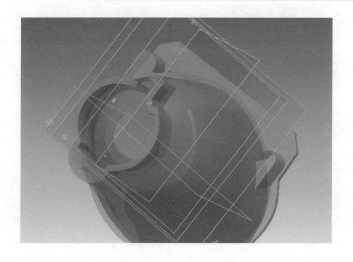

图 4-67
划分领域组

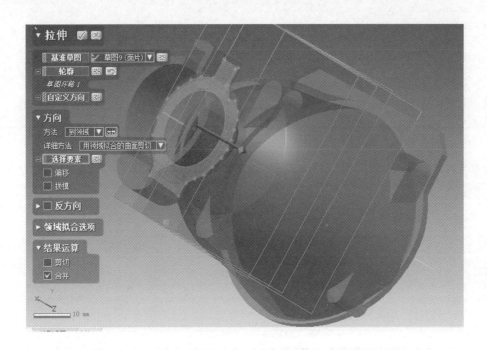

图 4-68
拉伸实体 4

步骤三十七：草图 10，在平面 2 上截取底部小圆的轮廓线，绘制草图 10，如图 4-69 所示。

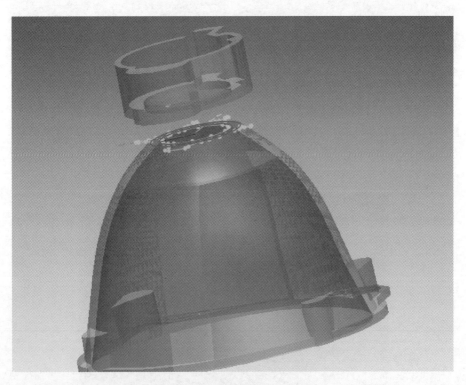

图 4-69
绘制草图 10

步骤三十八：拉伸 5，将草图 10 轮廓线进行拉伸，参数设置如图 4-70 所示。

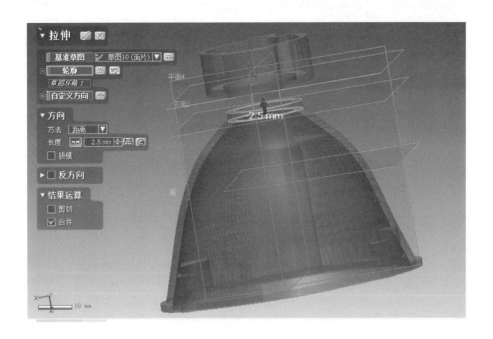

图 4-70
拉伸实体 5

步骤三十九：草图 11，在平面 2 上创建"面片草图"，截取轮廓线，绘制草图 11，如图 4-71 所示。

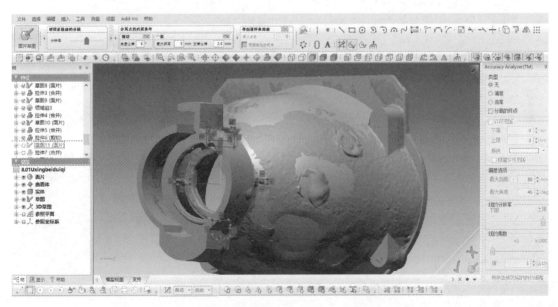

图 4-71
绘制草图 11

步骤四十：拉伸 6，将草图 11 的轮廓线进行拉伸，参数设置如图 4-72 所示。

步骤四十一：曲面偏移 2，将放样曲面 3 进行偏移，由于拉伸 6 在拉伸过程中，实体会拉伸到 U 形杯内部，曲面偏移为后续剪切做准备，如图 4-73 所示。

步骤四十二：剪切 6，将拉伸 6 和曲面偏移 2 进行剪切，参数设置如图 4-74 所示。

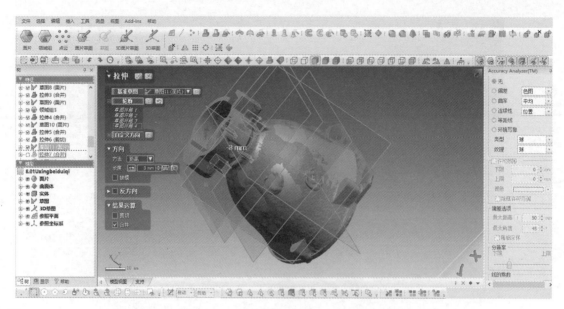

图 4-72
拉伸实体 6

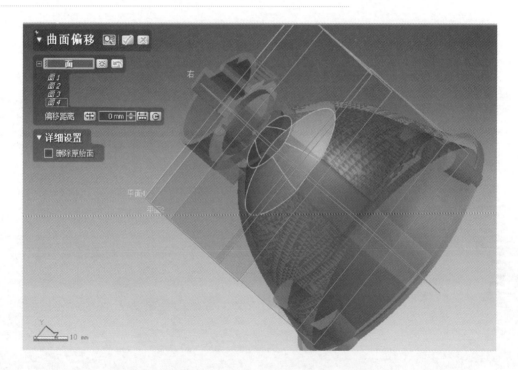

图 4-73
曲面偏移

步骤四十三：草图 12，以右视基准创建"面片草图"，绘制轮廓线，修剪底部特征，如图 4-75 所示。

步骤四十四：拉伸 7，拉伸草图 12 轮廓线，结果运算选择"剪切"，参数设置如图 4-76 所示。

步骤四十五：草图 13，以上视面为基准创建"面片草图"，绘制轮廓线，进行局部特征修剪如图 4-77 所示。

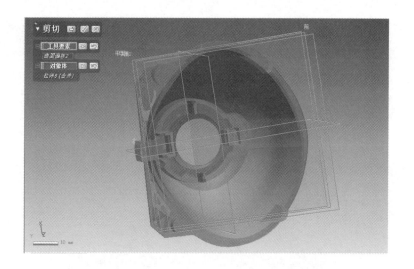

图 4-74
剪切曲面 6

图 4-75
绘制草图 12

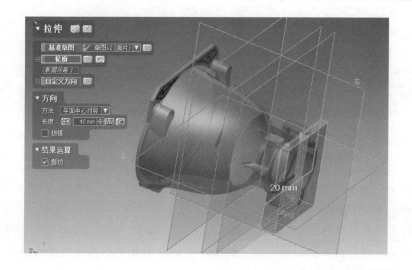

图 4-76
拉伸实体 7

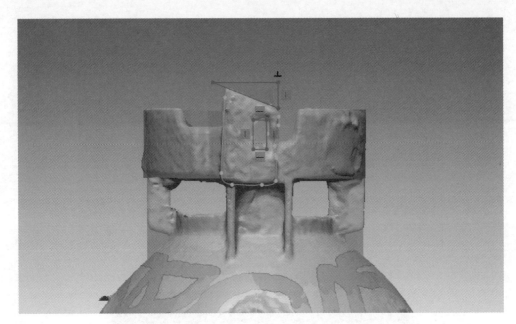

图 4-77
局部特征修剪

步骤四十六：拉伸8，将草图13绘制的草图轮廓线进行拉伸，结果运算选择"剪切"，如图 4-78 所示。

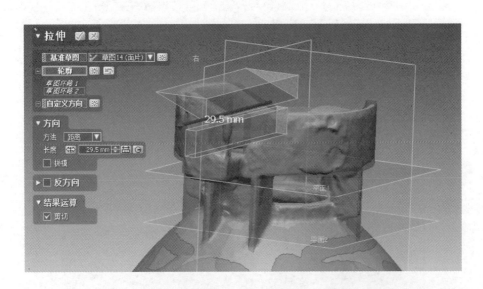

图 4-78
拉伸实体8

步骤四十七：其余特征修剪方法同以上操作步骤，先在平面上截取轮廓线，再绘制草图，然后进行拉伸（合并或剪切），不做赘述。

步骤四十八：最后圆角修整，结合实体形状进行圆角特征选择，圆角特征中常用的有固定圆角、可变圆角、面圆角、全部面圆角，根据实体的曲率变化和特性选择圆角的方式，如图 4-79 所示。完成 U 形杯逆向建模。

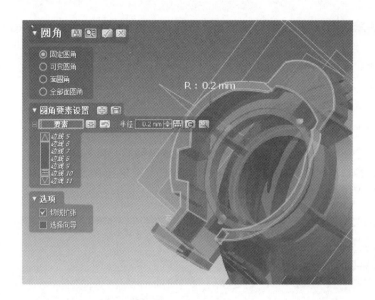

图 4-79
圆角处理

 任务4
曲面异形零件误差检测分析

视频
曲面异形零
件检测

任务导引

1. 任务描述

应用 Geomagic Control 软件将逆向建模得到的 CAD 模型和原始点云数据进行误差比对。

2. 任务材料

任务 2 中经过降噪处理的点云数据和任务 3 中逆向建模得到的 CAD 模型。

3. 任务技术要求

两数据模型对齐时不能出现明显错位，平均误差和均方差要在合理范围内，保证最终分析结果的可靠性。

任务实施

1. 打开/导入点云数据文件和 CAD 模型文件并设置属性

步骤一：导入两个数据文件。

打开 Geomagic Control 软件，导入之前处理过的点云文件"UCup_Cloud. stl"，而后导入依据点云数据建立的模型文件"UCup_CAD. stp"。

步骤二：设置两个数据的属性。

软件系统将默认点云数据为 TEST 属性，即测试对象；CAD 模型默认为 REF 属性，即参考对象。

若属性错误或属性不慎被删除，则可右击模型管理器中的点云数据和 CAD 模型，在弹出菜单中分别选择"设置 Test"和"设置 Reference"命令。

2. 对齐测试对象和参考对象

本例仍然用直接最佳拟合对齐的方式，尝试对齐两个对象。单击"开始"选项卡中的"最佳拟合对齐"命令，在弹出对话框的选项子对话框中勾选"高精度拟合"复选框，单击"应用"按钮，可以看到两对象基本已对齐，然后再勾选"只进行微调"复选框，测试对象做微小的移动后对齐效果更佳，如图 4-80 所示。

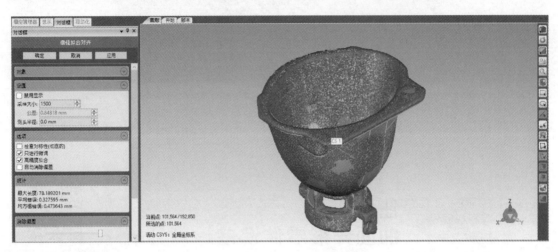

图 4-80
采用最佳拟合的方式直接将两模型对齐

3. 对测试对象进行 3D 分析

选择"开始"选项卡中的"3D 比较"命令，在弹出的对话框中，单击"应用"按钮，则比较结果以彩色偏差云图的形式显示出来，如图 4-81 所示。

图 4-81
3D 彩色偏差云图

偏差最大的位置用红色和蓝色表示，偏差最小的位置用青色表示，一般偏差数值越大颜色越深，偏置数值越小颜色越浅。可以在左侧对话框的色谱栏中调整最大临界值、最大名义值和颜色段等。最大偏差和标准偏差等重要数值可以在统计栏中查看。

通过 3D 比较，可以直观地查看扫描数据的误差大小或逆向建模后的 CAD 模型与原模型的各个对应位置的误差大小。

4. 创建注释

要获取点云某位置的误差，选择"开始"选项卡中的"创建注释"命令，单击彩色偏差云图的该位置拖拽一下，就会显示该位置的总偏差和 X、Y、Z 三个方向的偏差，如图 4-82 所示。

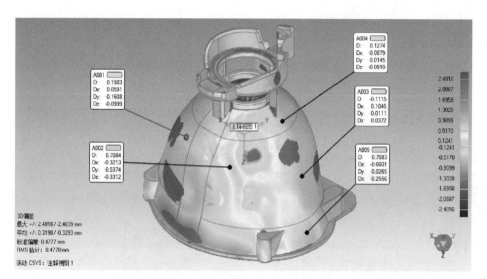

图 4-82
在 3D 彩色偏差云图上添加注释

测量的某位置偏差实际上是一个圆形范围，可以通过改变左侧对话框的偏差半径大小改变该范围大小。

单击左侧对话框中的"保存"按钮，保存的注释及视图就会保存在模型管理器结果树下的注释视图中，以备查看。

5. 2D 比较

步骤一：选取截面创建 2D 比较。

选择"开始"选项卡中的"2D 比较"命令，在弹出的对话框中，确定需要测量的截面位置，本例选取与全局坐标系的 XY 平面平行、Z 方向的位置为 0 的平面，如图 4-83 所示，单击"计算"按钮后得到的截面 2D 彩色偏差图的正视图如图 4-84 所示，误差较小时可以适当增大缩放比例来更明显地查看误差的分布，最后单击"保存"按钮，本例缩放比例定为 10 倍。

步骤二：为 2D 比较添加注释。

创建完 2D 比较视图后，也可以在其上添加注释。方法如下：在左侧模型管理器中单击之前创建完成的"2D 比较 1"，右侧工作区就会显示出 2D 彩色偏差图，选择"开始"选项卡的"创建注释"命令，选中需添加注释的位置并拖拽就可以像在 3D 比较视图中一样创建注释，创建完成的视图如图 4-85 所示，在图形区下面一栏显示各位置的明细情况。

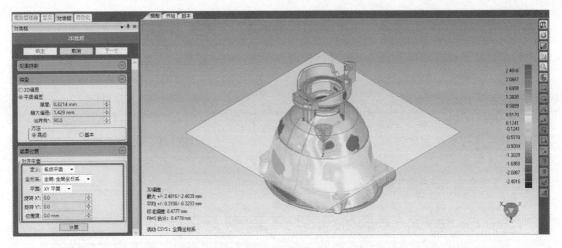

图 4-83
2D 比较——截取平面

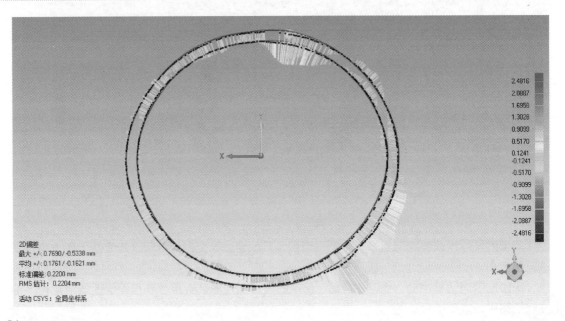

图 4-84
2D 比较彩色偏差图

6. 截取横截面并标注尺寸

步骤一：截取横截面。

选择"开始"选项卡中的"贯穿对象截面"命令，在左侧弹出的对话框中选择截面位置，本例选择全局坐标系的 *XY* 平面，位置度仍然选 0 位置。单击"计算"按钮后就会显示截取的横截面如图 4-86 所示，而后保存，则在 CAD 模型树和点云模型树中同时产生一个横截面"Section A-A"。

步骤二：标注尺寸。

用之前的方法还可以创建其他类型的几何尺寸，如点到直线的距离、圆心到直线的距离等。

7. 生成检测报告

选择"报告"选项卡中的"创建报告"命令，勾选"PDF"复选框，就会生产一个 .pdf 格式的报告文件，该报告中包含了之前创建的比较、注释、尺寸等。

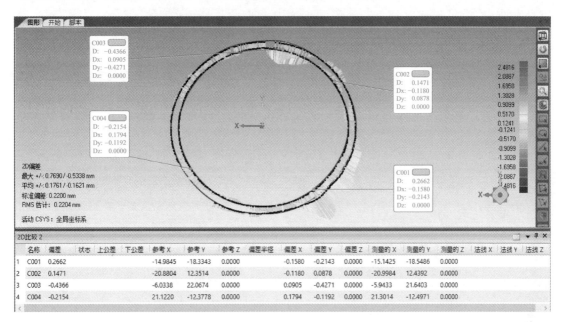

图 4-85
为 2D 截面内比较添加注释

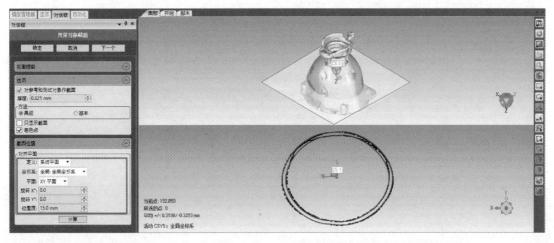

图 4-86
截取横截面

拓展篇

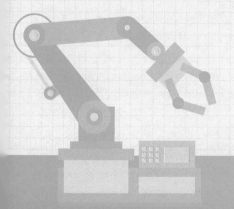

项目 5

蚊香液外壳逆向设计及检测

任务 1
蚊香液外壳三维数据采集

任务导引

1. 任务描述

使用扫描仪完成给定蚊香液外壳各面的三维扫描。

2. 任务材料

蚊香液外壳实物。

3. 任务技术要求

高精度完成给定蚊香液外壳各面的三维扫描，保存扫描得到的数据为 . asc 格式的文件或者 . ply 格式的文件。

一、知识准备

观察发现该蚊香液外壳整体结构是一个对称模型，为了更方便、更快捷，使用辅助工具（转盘）来对其进行拼接扫描。辅助扫描能够节省扫描的时间，同时也可以减少贴点的数量。

二、任务实施

步骤一：标定完成后，直接打开软件单击键盘空格进行扫描。单击"T"键打开白光。计算机显示标志点是绿色时，就可以进行扫描，如图 5-1 所示。

步骤二：转动转盘一定角度，必须保证与上一步扫描有公共重合部分，这里说的重合是指绿色标志点重合，即上一步骤和本步骤能够同时看到至少四个标志点（本单目设备为三点拼接，但是建议使用四点拼接）如图 5-2 所示。

步骤三：同步骤二类似，向同一方向继续旋转一定角度扫描，重复操作直至把工件上表面数据扫描完成，因工件对称，下表面不需扫描，如图 5-3 ~ 图 5-7 所示。

到此为止，扫描工作完成。在软件中选择"保存所有点云"，将扫描数据另存为 . ply 或者 . asc 格式的文件即可。

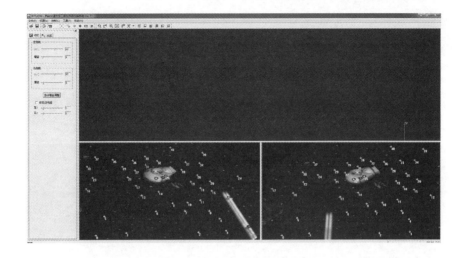

图 5-1
步骤一

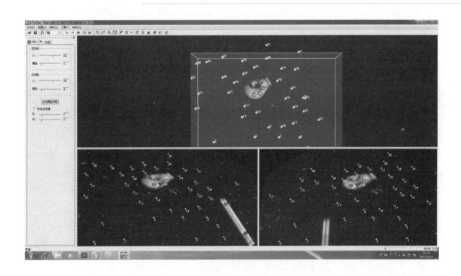

图 5-2
步骤二

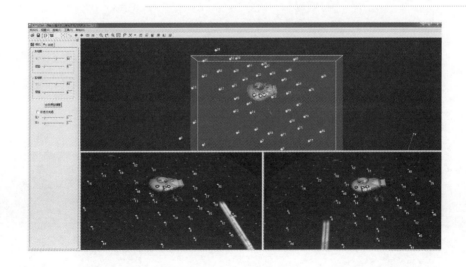

图 5-3
步骤三(1)

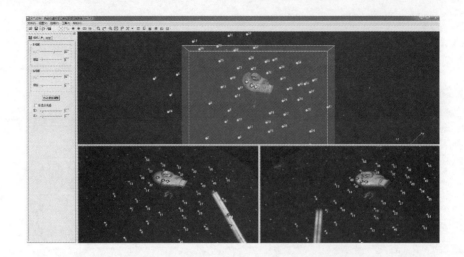

图 5-4
步骤三(2)

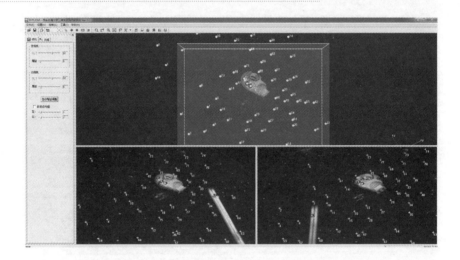

图 5-5
步骤三(3)

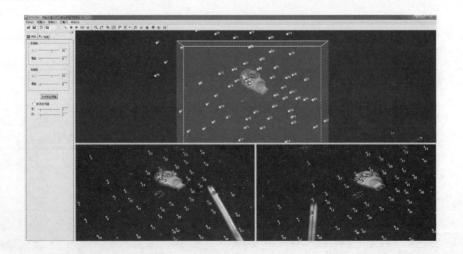

图 5-6
步骤三(4)

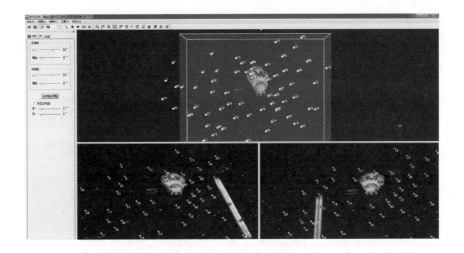

图 5-7
步骤三(5)

任务2
蚊香液外壳点云数据处理

视频
蚊香液外壳
点云处理

任务导引

1. 任务描述

使用 Geomagic Wrap 软件对获得的点云进行相应取舍，剔除噪点和冗余点。提交经过取舍后的点云电子文档，保存为 .stl 格式的文件。

2. 任务材料

前一个任务保存的 .asc 或者 .ply 格式的文件。

3. 任务技术要求

提交的扫描数据与标准三维模型各面数据进行比对，组成面的点基本齐全（以点足以建立曲面为标准）。

任务实施

1. 点云导入

步骤一：打开扫描保存的"wenxiangke.ply"或"wenxiangk.asc"文件。启动 Geomagic Wrap(Studio)软件，选择菜单栏"文件""打开"命令或单击工具栏上的"打开"图标，系统弹出"打开文件"对话框，查找蚊香液外壳数据文件并选中"wenxiangke.ply"文件，然后单击"打开"，在工作区显示载体如图 5-8 所示。

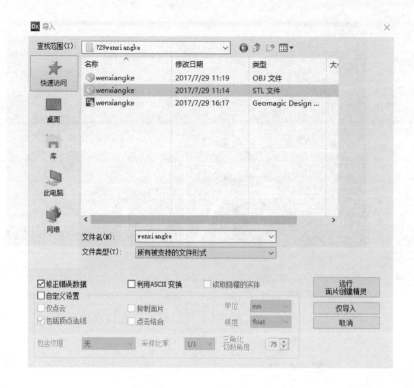

图 5-8
点云导入

步骤二：将点云着色。为了更加清晰、方便地观察点云形状，将点云进行着色。选择菜单栏"点""着色点"命令，着色后的视图如图 5-9 所示。

图 5-9
点云着色

步骤三：设置旋转中心。为了更加方便地观察点云，可以进行放大、缩小或旋转，需要设置旋转中心。在操作区域单击鼠标右键，在弹出的快捷菜单中选择"设置旋转中心"命令，在点云适合位置单击即可，如图 5-10 所示。

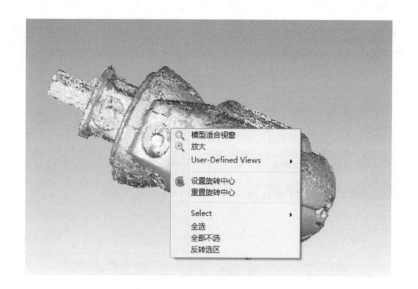

图 5-10
设置旋转中心

步骤四：选择非连接项。 选择菜单栏"点""选择"命令断开组件连接按钮，在管理面板中弹出"选择非连接项"对话框。在"分隔"的下拉列表中选择"低"分隔方式，系统选择在拐角处离主点云很近但不属于它们一部分的点。"尺寸"为默认值 5.0 mm，单击上方的"确定"按钮。点云中的非连接项被选中，并呈现红色，如图 2-7 所示。选择菜单"点""删除"命令或按下"Delete"键将红色非连接部分点云删除，如图 5-11 所示。

图 5-11
选择非连接项

步骤五：去除体外孤点。 选择菜单栏"点""选择""体外孤点"命令，在管理面板中弹出"选择体外孤点"对话框，设置"敏感性"的参数值为 100，也可以通过单击右侧的两个三角形按钮增加或减少"敏感性"的值。此时体外孤点被选中，呈现红色，如图 5-12 所示。选择菜单栏"点""删除"命令或按"Delete"键来删除选中的点。

步骤六：删除非连接点云。选择工具栏中的"选择工具"命令，配合工具栏中的按钮一起使用，将非连接点云删除，如图 5-13 所示。

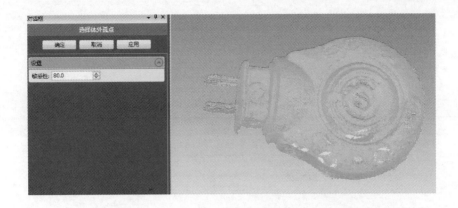

图 5-12
去除体外孤点

图 5-13
删除非连接点云

步骤七：减少噪音。选择菜单栏"点""减少噪音"命令，在管理面板中弹出"减少噪音"对话框，如图 5-14 所示。将"棱柱形（积极）"的"平滑度水平"滑标滑到无。迭代为 3，偏差限制为 0.05。

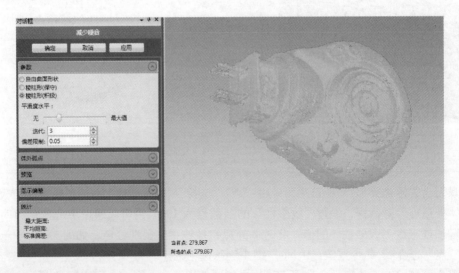

图 5-14
减少噪音

步骤八：封装数据。选择菜单栏"点""封装"命令，弹出如图5-15所示的"封装"对话框，该命令将围绕点云进行封装计算，使点云数据转换为多边形模型。

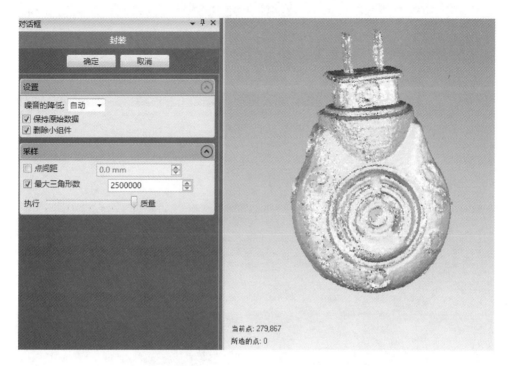

图 5-15
封装数据

2. 多边形修补

步骤一：删除钉状物。选择菜单栏"多边形""删除钉状物"命令，在模型面板中弹出如图5-16所示的"删除钉状物"对话框。"平滑级别"选择中间位置，单击"应用"按钮。

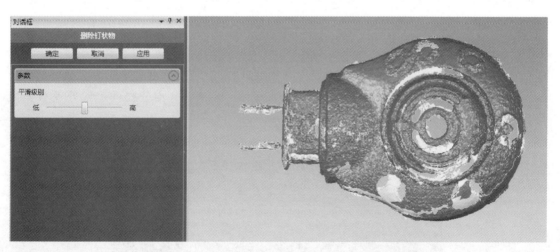

图 5-16
删除钉状物

步骤二：填充孔。选择菜单栏"多边形""全部填充"命令，在模型面板中弹出如图5-17

所示的"全部填充"对话框。可以根据孔的类型搭配选择不同的方法进行填充。

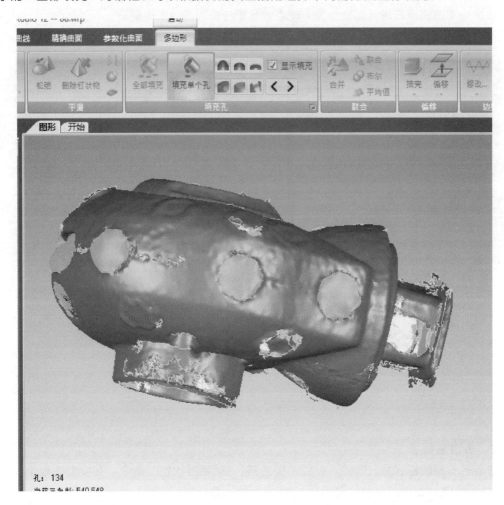

图 5-17
填充孔.

步骤三：去除特征。该命令用于删除模型中不规则的三角形区域，并且插入一个更有秩序且与周边三角形连接更好的多边形网格。但必须先用手动选择的方式选择需要去除特征的区域，然后选择"多边形""去除特征"命令，如图 5-18 所示。点云文件最终处理效果如图 5-19 所示。

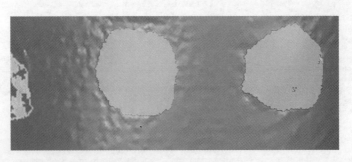

图 5-18
去除特征

图 5-19
最终处理效果

3. 数据保存

单击左上角软件图标，文件另存为"meiwenqi. stl"文件，如图 5-20 所示。

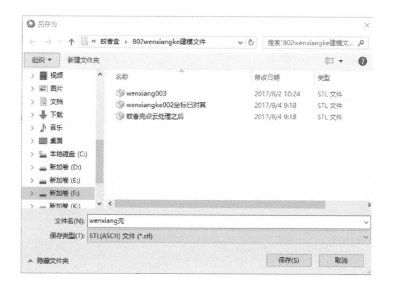

图 5-20
数据保存

视频
蚊香液外壳
建模 1

视频
蚊香液外壳
建模 2

任务 3
蚊香液外壳三维逆向建模

任务导引

1. 任务描述

使用 Design-X 软件，完成蚊香液外壳的外观三维建模。

2. 任务材料

任务 2 得到 .stl 格式的文件。

3. 任务技术要求

面的建模质量好，合理拆分曲面，面与面之间拟合度高，平均误差小于 0.1 mm，不能整体
拟合。

任务实施

1. 创建坐标系

步骤一：导入处理完成的"saomiaodztwj. stl"数据，选择菜单栏"插入""导入"命令，选
择"saomiaodztwj. stl"文件，单击"仅导入"按钮，如图 5-21 所示。

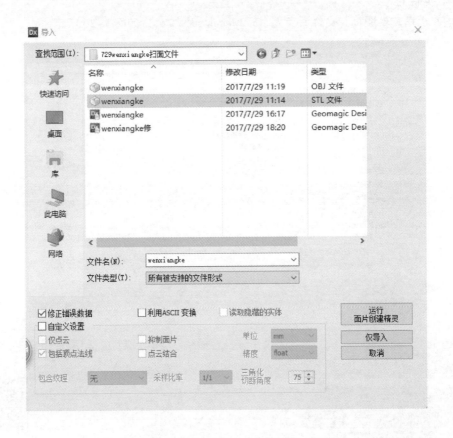

图 5-21
导入数据

步骤二：单击"平面"按钮，方法选择"选择多个点"，在蚊香壳底端平面区域选择 3 个以
上点创建参照平面，单击右下角确认操作，即可成功创建一个参照平面 1，如图 5-22、图 5-23
所示。

步骤三：单击"平面"按钮，要素选择平面 1，方法"偏移"，拖动箭头在蚊香壳另一
端创建参照平面，单击右下角确认操作即可成功创建一个参照平面 2，如图 5-24、图 5-25
所示。

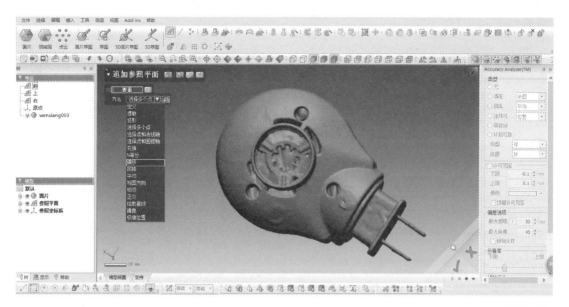

图 5-22
参照平面 1 设置

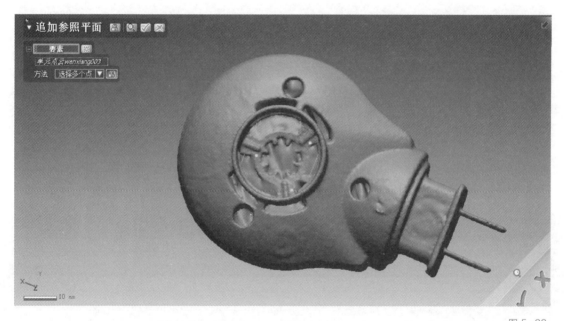

图 5-23
创建参照平面 1

步骤四：在蚊香壳带有插头一端创建平面 3，单击"平面"按钮，方法"选择多个点"，在蚊香壳插头平面区域选择 3 个以上点创建参照平面，单击右下角确认操作即可成功创建一个参照平面 3，如图 5-26 所示。

步骤五：单击"面片草图"按钮，选择平面 1 为基准平面，进入面片草图模式，截取需要的轮廓线，单击左上角按钮。使用工具栏草图工具绘制椭圆形，如图 5-27 所示的草图。单击右下方按钮，退出面片草图模式。

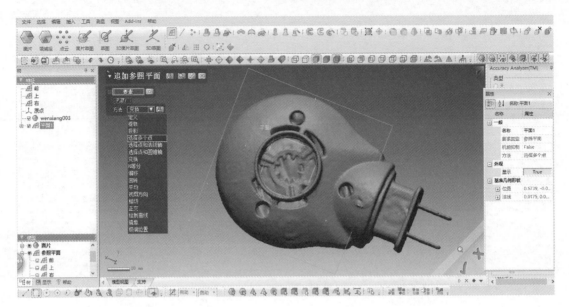

图 5-24
参照平面 2 设置

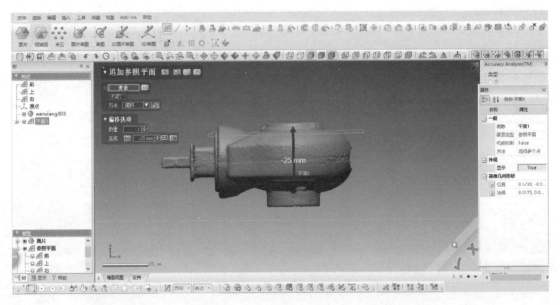

图 5-25
创建参照平面 2

　　步骤六：单击"面片草图"按钮，选择平面 2 基准平面，进入面片草图模式，截取需要的轮廓线，单击左上角按钮。使用工具栏草图工具绘制圆形，如图 5-28、图 5-29 所示的草图。单击右下方按钮，退出面片草图模式。

　　步骤七：单击"面片草图"按钮，选择平面 3 基准平面，进入面片草图模式，截取需要的轮廓线，单击左上角按钮。使用工具栏草图工具绘制圆形，如图 5-30 所示的草图。单击右下方按钮，退出面片草图模式。

图 5-26
创建参照平面 3

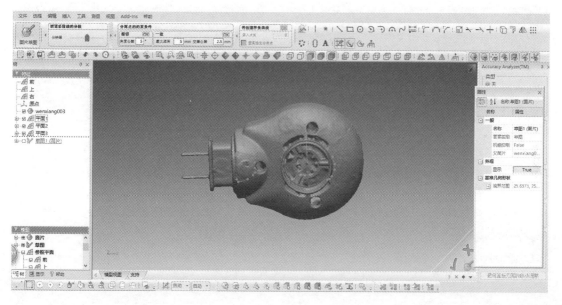

图 5-27
绘制草图 1

　　步骤八：单击"平面"按钮，方法"选择多个点"，选择草图 1、2、3 绘制的圆心，单击右下角，确认操作即可成功创建一个参照平面 4，如图 5-31 所示。

　　步骤九：建立坐标系。单击"手动对齐"按钮，选择点云模型，选择"下一阶段"，移动方法选择"X-Y-Z"，位置选项选择平面 2 草图的中心点，Y 轴选择"平面 2"，Z 轴选择"平面 4"。如图 5-32 ~ 图 5-34 所示，为参数设置选项，单击左上角、右下方"确定"按钮，退出手动对齐模式，坐标系创建完成（用于辅助建立坐标系的参照平面 1 及草图 1 在建立坐标系之后可隐藏或删除。）。

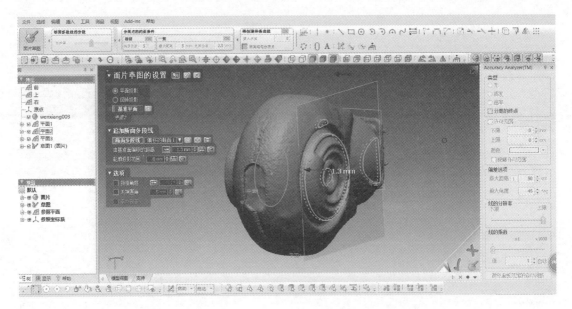

图 5-28
草图 2 设置

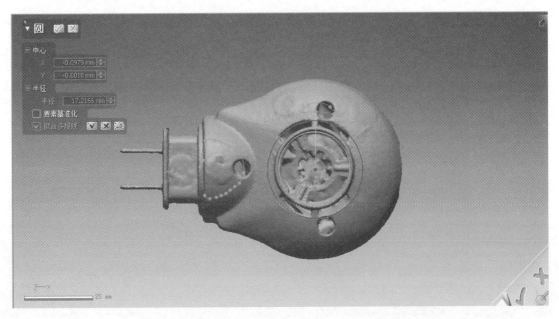

图 5-29
绘制草图 2

2. 三维建模

步骤一：草图 1，单击"面片草图"按钮，选择"右平面"为基准平面，进入面片草图模式，截取需要的参照线，单击左上角按钮。使用工具栏草图工具绘制如图 5-35 所示的草图 1。单击右下方按钮，退出面片草图模式。

步骤二：草图 2，单击"面片草图"按钮，选择"上平面"为基准平面，进入面片草图模式，截取需要的参照线，单击左上角按钮。使用工具栏草图工具绘制如图 5-36 所示的草图 2。单击右下方按钮，退出面片草图模式。

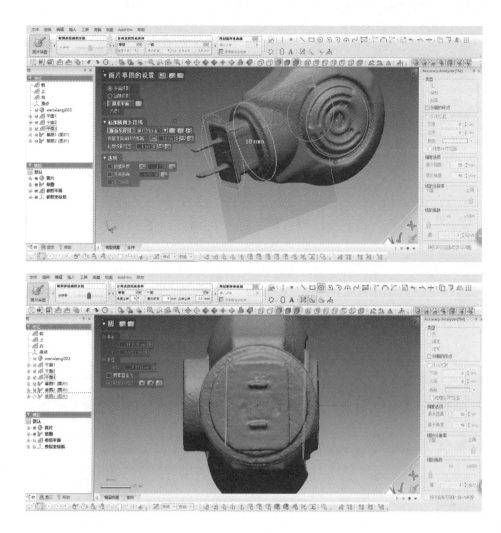

图 5-30
绘制草图 3

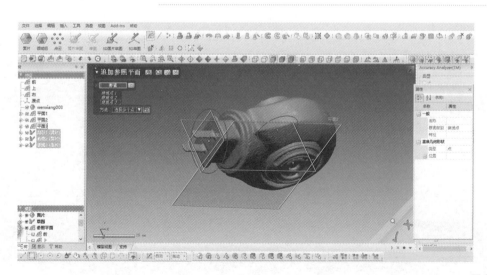

图 5-31
创建参照平面 4

图 5-32
坐标系设置 1

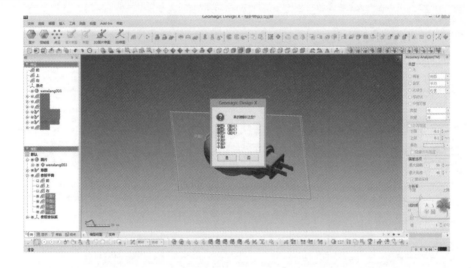

图 5-33
坐标系设置 2

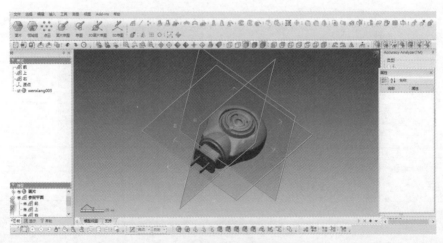

图 5-34
坐标系设置完成

图 5-35
绘制草图 1

图 5-36
绘制草图 2

步骤三：曲面扫描 1，单击"曲面扫描"按钮，进入曲面扫面模式，选择上述面片草图 1 和草图 2，如图 5-37 参数设置所示，轮廓为草图 2，路径为草图 1，方法选择"沿路径"，曲面扫描。

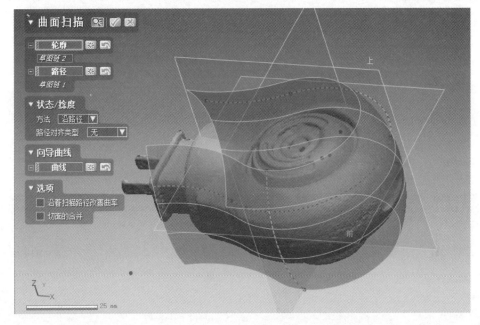

图 5-37
曲面扫描 1

步骤四：领域组 1，划分领域组，如图 5-38 所示。

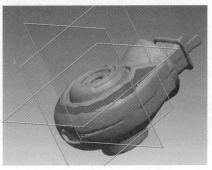

图 5-38
划分领域组 1

步骤五：面片拟合 1，单击"面片拟合"按钮，选择蚊香液外壳一侧的领域，参数设置如图 5-39 所示，分辨率选择"控制点数"，平滑拉至最大，勾选"延长选择"复选框，手动调整大小，单击左上角"确认"。以同样方法面片拟合蚊香液外壳另一侧领域的曲面创建，如图 5-40 所示。

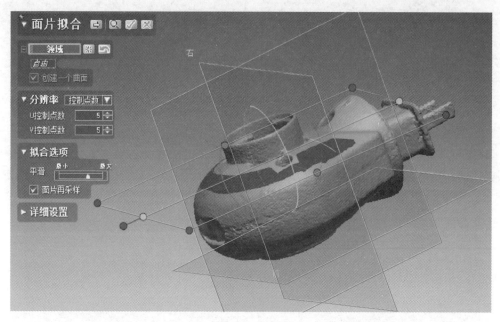

图 5-39
面片 1 拟合

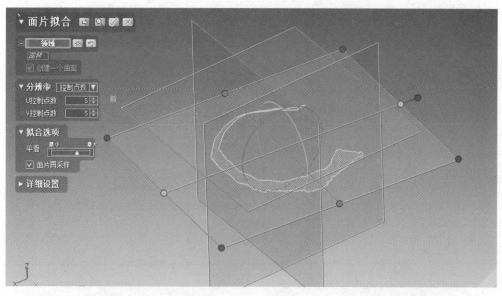

图 5-40
面片 2 拟合

步骤六：草图 3，单击"草图"按钮，选择"前平面"为基准平面，进入草图模式绘制草图，完成后单击右下方按钮，退出草图模式，如图 5-41 所示。

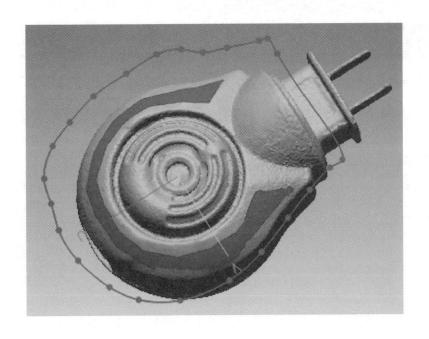

图 5-41
绘制草图 3

步骤七：拉伸 1，单击"拉伸"按钮，进入拉伸模式，选择上述面片草图 3，如图 5-42 参数设置所示，拉伸方向为双向，长度设置为 40 mm，单击退出拉伸模式。

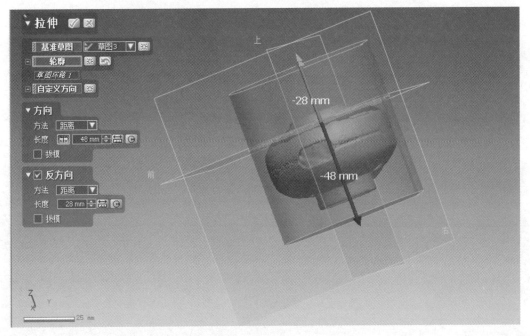

图 5-42
拉伸实体 1

步骤八：剪切 1，单击"剪切"按钮，工具要素选择"面片拟合 1"，对象选择"拉伸 1"，残留体选择上段区域，单击左上角按钮，退出剪切模式，如图 5-43 所示。相同方法完成面片拟合 2、面片拟合 3 的剪切，如图 5-44、图 5-45 所示。

图 5-43
剪切面片 1

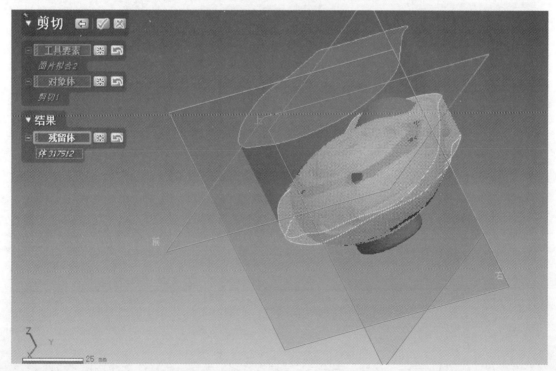

图 5-44
剪切面片 2

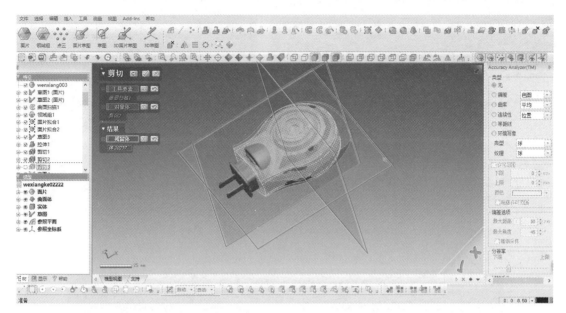

图 5-45
剪切面片 3

步骤九：草图 4，在上视面绘制草图，绘制圆形，半径为 40 mm，如图 5-46 所示。

图 5-46
绘制草图 4

步骤十：曲面拉伸 1，单击"曲面拉伸"按钮，进入曲面拉伸模式，选择上述绘制面片草图 4，拉伸方法为"距离"，长度设置为 100 mm，得到曲面拉伸 1，方向如图 5-47 所示。

步骤十一：剪切 4，单击"剪切"按钮，工具要素选择"曲面拉伸 1"，对象选择"剪切 3"，选择剩余残留体，单击左上角按钮，退出剪切模式，如图 5-48 所示。

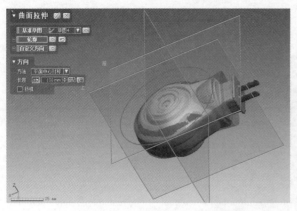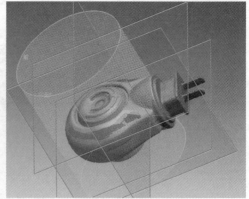

图 5-47
拉伸实体 1

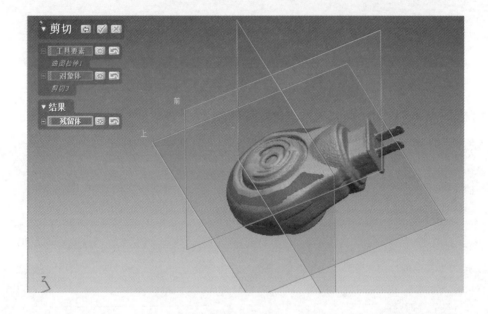

图 5-48
剪切曲面 4

步骤十二：草图 4，单击"草图"按钮，选择"右基准平面"，进入草图模式，绘制如图 5-49 所示的草图。单击右下方按钮，退出草图模式。

图 5-49
绘制草图 4

步骤十三：曲面拉伸 2，单击"曲面拉伸"按钮，进入曲面拉伸模式，选择上述绘制面片草图 4，将草图 4 拉伸成一个平面，拉伸方法为平面中心对称，长度设置为 100 mm，得到曲面拉伸 2，方向如图 5-50 所示。

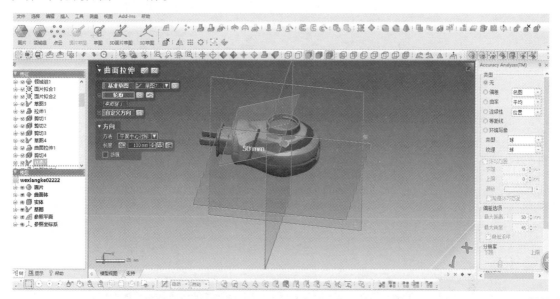

图 5-50
曲面拉伸 2

步骤十四：剪切 5，单击"剪切"按钮，工具要素选择"曲面拉伸 2"，对象选择"剪切 4"，选择剩余残留体，单击左上角按钮，退出剪切模式，如图 5-51 所示。

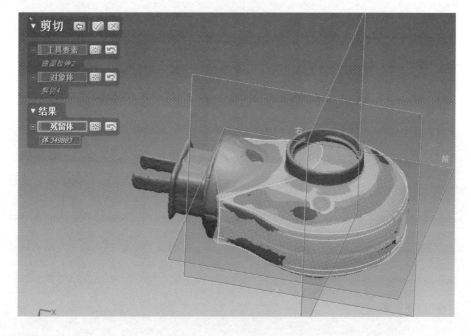

图 5-51
剪切曲面 2

步骤十五：以上述草图 4、曲面拉伸 2、剪切 5 的操作方法进行蚊香壳另一侧草图 6，曲面拉伸 3、剪切 6 的绘制，参数设置如图 5-52、图 5-53、图 5-54 所示。

图 5-52
绘制草图 6

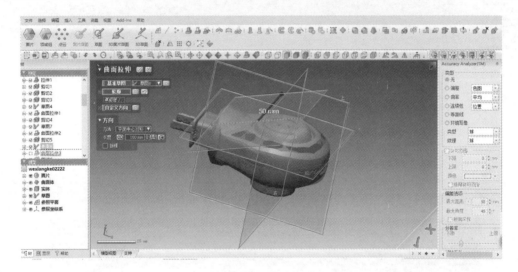

图 5-53
曲面拉伸 3

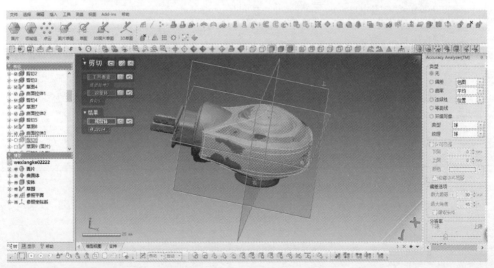

图 5-54
剪切曲面 6

步骤十六：草图7，单击"面片草图"按钮，选择"前平面"为基准平面，进入面片草图模式，截取需要的参照线后单击左上角按钮。使用草图工具绘制如图5-55所示的草图7。单击右下方按钮，退出面片草图模式。

图 5-55
绘制草图7

步骤十七：回转1，单击"回转"按钮，基准草图选择"草图9"，轮廓选择"草图环路1"，轴选择草图中间直线，角度为360°，运算结果为合并，参数如图5-56所示。

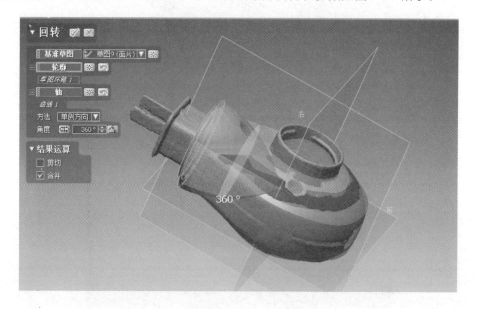

图 5-56
回转曲面1

步骤十八：平面1，追加参考平面，选择"上平面"为基准平面，方法选择"偏移"，距离设置为16 mm，如图5-57所示。

步骤十九：草图8，单击"面片草图"按钮，选择"上平面"为基准平面，进入面片草图模式，截取需要的参照线后单击左上角按钮。使用草图工具绘制如图5-58所示的草图8。单击右下方按钮，退出面片草图模式。

步骤二十：拉伸2，单击"拉伸"按钮，进入拉伸模式，选择上述面片草图8，如图5-59参数设置所示，拉伸方向为双向，长度设置为23 mm，单击退出拉伸模式。

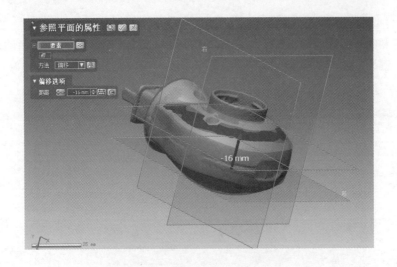

图 5-57
追加参考平面 1

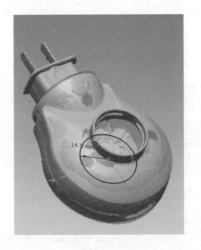

图 5-58
绘制草图 8

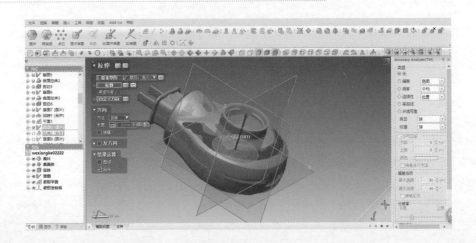

图 5-59
拉伸实体 2

步骤二十一：草图9，单击"面片草图"按钮，选择"右平面"为基准平面，进入面片草图模式，截取需要的参照线后单击左上角按钮。使用草图工具绘制如图5-60所示的草图9。单击右下方按钮，退出面片草图模式。

图 5-60
绘制草图 9

步骤二十二：回转2，单击"回转"按钮，基准草图选择"草图9"、轮廓选择"草图环路1、草图环路2"，轴选择草图中间直线，角度为360°，运算结果为合并，参数如图5-61所示。

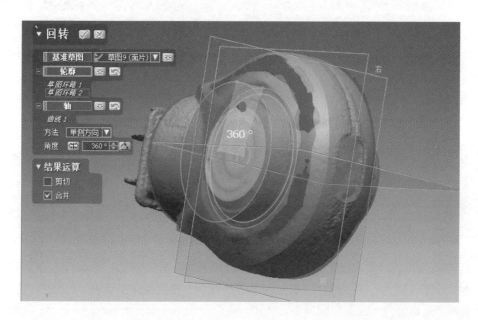

图 5-61
回转曲面 2

步骤二十三：回转3，单击"回转"按钮，基准草图选择"草图9"，轮廓选择"草图环路1"，轴选择"右、上"，角度为360°，运算结果选择"剪切""合并"，参数如图5-62所示。

步骤二十四：抽壳1，在插入菜单中找到实体，选择"抽壳"选项，对上述实体进行抽壳，选择上两个面，深度为1.5 mm，如图5-63所示。

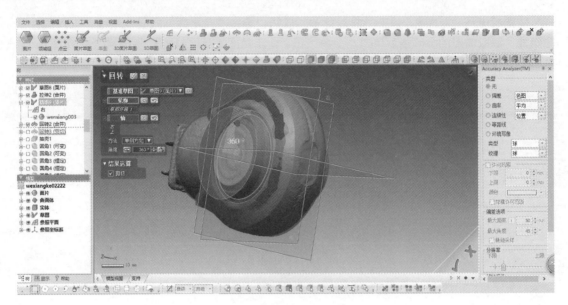

图 5-62
回转曲面 3

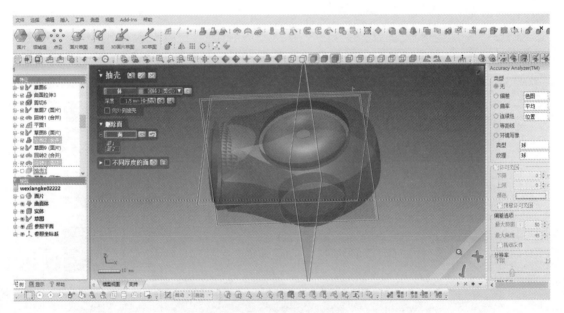

图 5-63
抽壳 1

　　步骤二十五：圆角，将已抽壳之后的实体进行圆角，根据实体的特征，圆角方式有固定圆角、可变圆角、面圆角、全部免圆角等，例如，在可变圆角中选择一段圆角线，可以在这条线上进行多处可变圆角设置，底部弹出设置圆角半径的位置栏，如图 5-64 所示。

　　步骤二十六：曲面偏移 1，选择如图 5-65 所示的曲面进行曲面偏移，距离为 0.5 mm，此曲面为后续剪切实体做准备。

　　步骤二十七：草图 10，单击"草图"按钮，选择"上平面"为基准平面，进入草图模式，使用草图工具绘制草图 10。单击右下方按钮，退出草图模式，如图 5-66 所示。

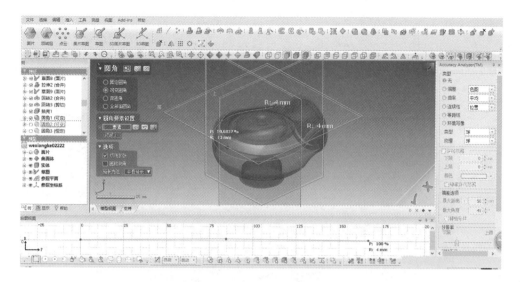

图 5-64
设置圆角

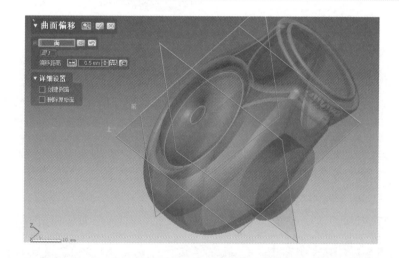

图 5-65
偏移曲面 1

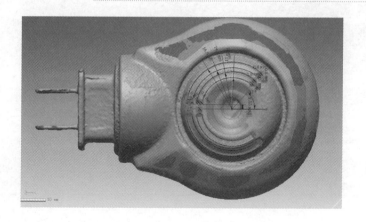

图 5-66
绘制草图 10

步骤二十八：拉伸 3，单击"拉伸"按钮，进入拉伸模式，选择上述面片草图 10，参数设置如图 5-67 所示，拖动拉伸方向箭头，长度设置为 23 mm，单击退出拉伸模式。

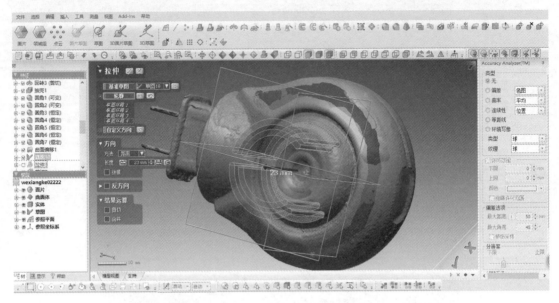

图 5-67
拉伸实体 3

步骤二十九：剪切 7，单击"剪切"按钮，工具要素选择"曲面偏移 1"，对象选择"拉伸 3_1、拉伸 3_2、拉伸 3_3、拉伸 3_4"，选择剩余残留体，单击左上角按钮，退出剪切模式，如图 5-68 所示。

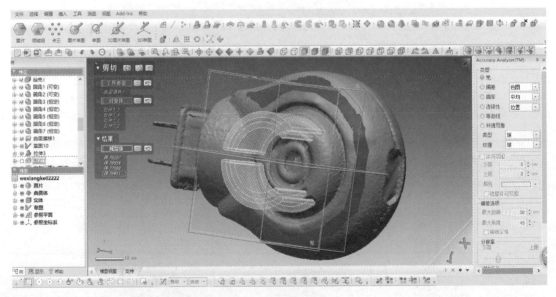

图 5-68
剪切曲面

步骤三十：布尔运算 1，将剪切 7 与实体进行布尔运算，操作方法选择"剪切"，如图 5-69 所示。

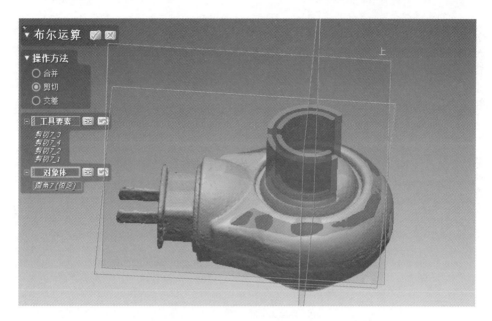

图 5-69
布尔运算 1

步骤三十一：草图 11，单击"草图"按钮，选择"上平面"为基准平面，进入草图模式，使用草图工具绘制草图。单击右下方按钮，退出草图模式，如图 5-70 所示。

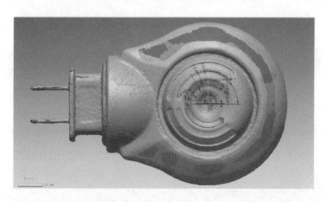

图 5-70
绘制草图 11

步骤三十二：拉伸 4，单击"拉伸"按钮，进入拉伸模式，选择上述面片草图 11，参数设置如图 5-71 所示，拖动拉伸方向箭头，方向中的方法选择"平面中心对称"，长度设置为 23 mm，运算结果选择"剪切"，单击退出拉伸模式。

步骤三十三：草图 12，单击"草图"按钮，选择"上平面"为基准平面，进入草图模式，使用草图工具绘制草图 12。单击右下方按钮，退出草图模式，如图 5-72 所示。

步骤三十四：拉伸 5，单击"拉伸"按钮，进入拉伸模式，选择上述面片草图 12，参数设置如图 5-73 所示，拖动拉伸方向箭头，方向中的方法选择"距离"，长度设置为 30 mm，运算结果选择"剪切"，单击退出拉伸模式。

步骤三十五：平面 2，追加参考平面，选择平面 1 为基准平面，方法选择"偏移"，距离为 -20 mm，如图 5-74 所示。

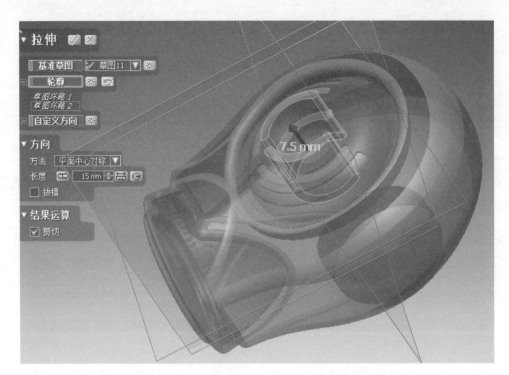

图 5-71
拉伸实体 4

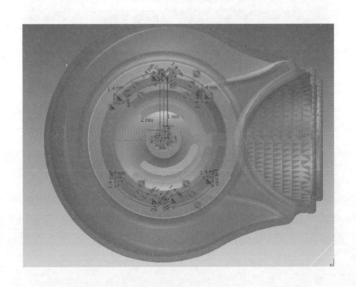

图 5-72
绘制草图 12

步骤三十六：草图 13，单击"草图"按钮，在平面 2 上绘制草图，进入草图模式，使用工具栏草图工具绘制草图 13。单击右下方按钮，退出草图模式，如图 5-75 所示。

步骤三十七：拉伸 6，单击"拉伸"按钮，进入拉伸模式，选择上述面片草图 13，参数设置如图 5-76 所示，拖动拉伸方向箭头，方向中的方法选择"距离"，长度设置为 13 mm，运算结果选择"合并"，单击退出拉伸模式。

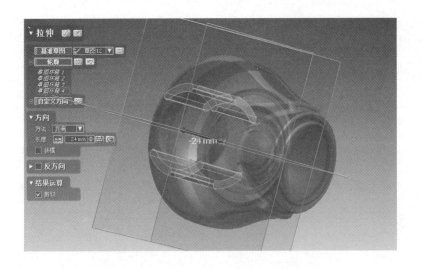

图 5-73
拉伸实体 5

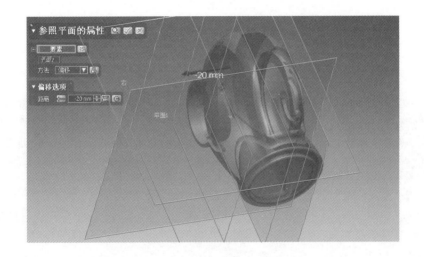

图 5-74
追加参考平面 2

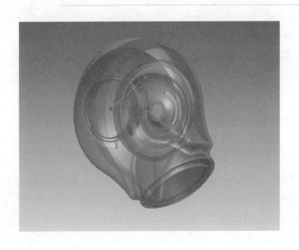

图 5-75
绘制草图 13

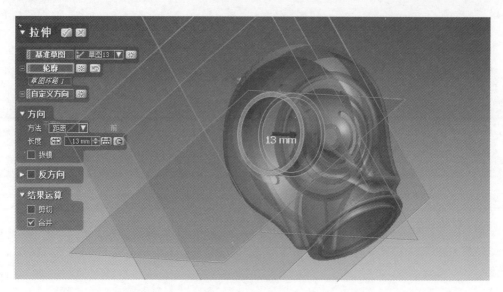

图 5-76
拉伸实体 6

步骤三十八：平面 3，追加参考平面，选择平面 1 为基准平面，方法选择"偏移"，距离为 -9 mm，如图 5-77 所示。

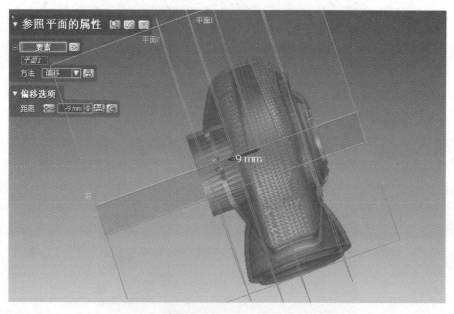

图 5-77
追加参考平面 3

步骤三十九：草图 14，单击"草图"按钮，在平面 3 上绘制草图，进入草图模式，使用草图工具绘制草图 14。单击右下方按钮，退出草图模式，如图 5-78 所示。

步骤四十：拉伸 7，单击"拉伸"按钮，进入拉伸模式，选择上述面片草图 14，参数设置如图 5-79 所示，拖动拉伸方向箭头，方向中的方法选择"距离"，长度设置为 2 mm，运算结果选择"合并"，单击退出拉伸模式。

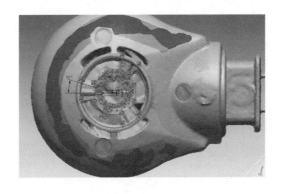

图 5-78
绘制草图 14

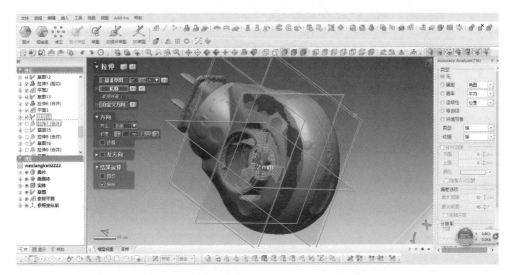

图 5-79
拉伸实体 7

步骤四十一：草图 15，单击"草图"按钮，在平面 3 上绘制草图，进入草图模式，使用草图工具绘制草图 15。单击右下方按钮，退出草图模式，如图 5-80 所示。

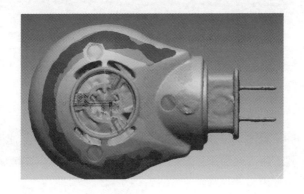

图 5-80
绘制草图 15

步骤四十二：拉伸8，单击"拉伸"按钮，进入拉伸模式，选择上述面片草图15，参数设置如图5-81所示，拖动拉伸方向箭头，方向中的方法选择"距离"，长度设置为1 mm，运算结果选择"合并"，单击退出拉伸模式。

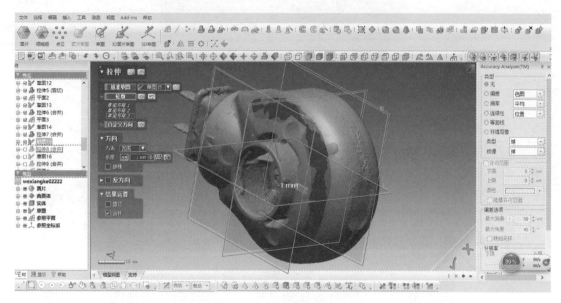

图 5-81
拉伸实体 8

步骤四十三：草图16，单击"草图"按钮，在平面3上绘制草图，进入草图模式，使用草图工具绘制草图16。单击右下方按钮，退出草图模式，如图5-82所示。

图 5-82
绘制草图 16

步骤四十四：拉伸9，单击"拉伸"按钮，进入拉伸模式，选择上述面片草图16，参数设置如图5-83所示，拖动拉伸方向箭头，方向中的方法选择"距离"，长度设置为2 mm，运算结果选择"合并"，单击退出拉伸模式。

步骤四十五：平面4，追加参考平面，选择右视基准平面，方法选择"偏移"，距离设置为-41 mm，如图5-84所示。

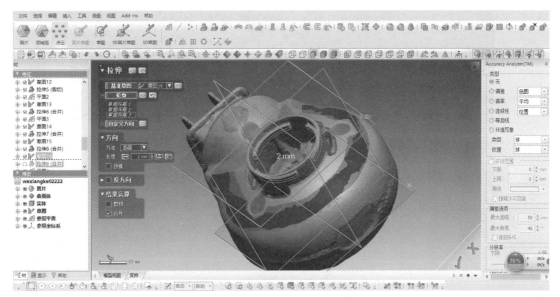

图 5-83
拉伸实体 9

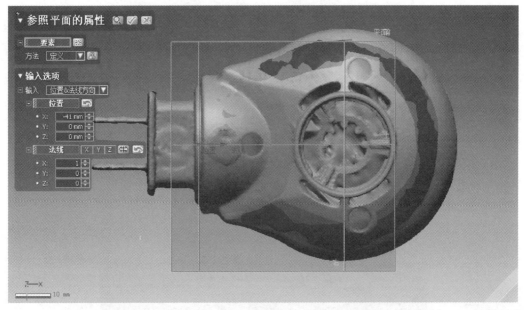

图 5-84
追加参考平面 4

步骤四十六：平面 5，追加参考平面，选择平面 4 为基准平面，方法选择"偏移"，距离为-12 mm，如图 5-85 所示。

步骤四十七：草图 17，单击"面片草图"按钮，选择平面 4 为基准平面，进入面片草图模式，截取需要的参照线单击左上角按钮。使用草图工具绘制如图 5-86 所示的草图。单击右下方按钮，退出面片草图模式。

步骤四十八：拉伸 10，单击"拉伸"按钮，进入拉伸模式，选择上述面片草图 17，如图 5-87 参数设置所示，拖动拉伸方向箭头，方向中的方法选择"距离"，长度设置为 13 mm，运算结果选择"合并"，单击退出拉伸模式。

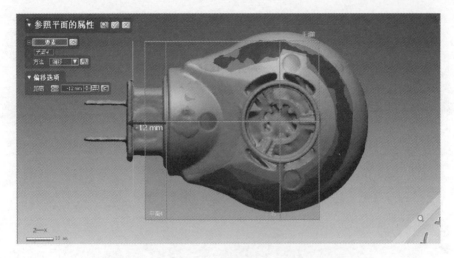

图 5-85
追加参考平面 5

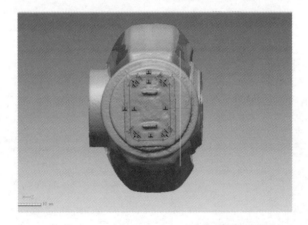

图 5-86
绘制草图 17

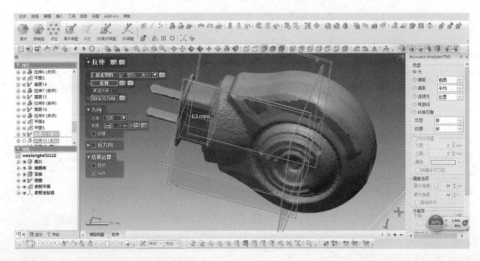

图 5-87
拉伸实体 10

步骤四十九：草图 18，单击"面片草图"按钮，选择平面 5 为基准平面，进入面片草图模式，截取需要的参照线，单击左上角按钮。使用草图工具绘制如图 5-88 所示的草图。单击右下方按钮，退出面片草图模式。

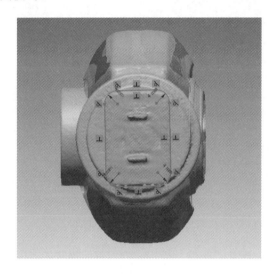

图 5-88
绘制草图 18

步骤五十：拉伸 11，单击"拉伸"按钮，进入拉伸模式，选择上述面片草图 18，参数设置如图 5-89 所示，拖动拉伸方向箭头，方向中的方法选择"距离"，长度设置为 2 mm，运算结果选择"合并"，单击退出拉伸模式。

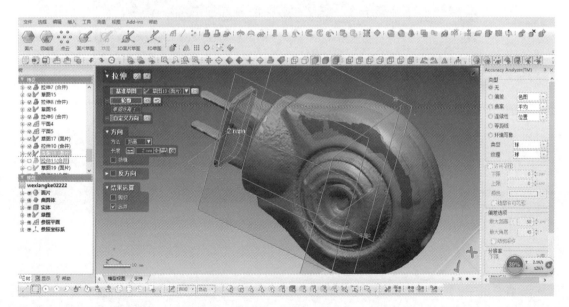

图 5-89
拉伸实体 11

步骤五十一：草图 19，单击"面片草图"按钮，选择平面 5 为基准平面，进入面片草图模式，截取需要的参照线，单击左上角按钮。使用草图工具绘制如图 5-90 所示的草图。单击右下方按钮，退出面片草图模式。

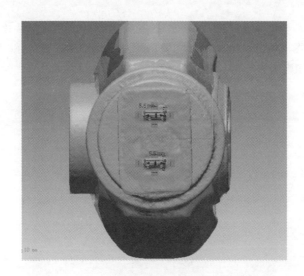

图 5-90
绘制草图 19

步骤五十二：拉伸 12，单击"拉伸"按钮，进入拉伸模式，选择上述面片草图 19，参数设置如图 5-91 所示，拖动拉伸方向箭头，方向中的方法选择"距离"，长度设置为 18 mm，运算结果选择"合并"，单击退出拉伸模式。

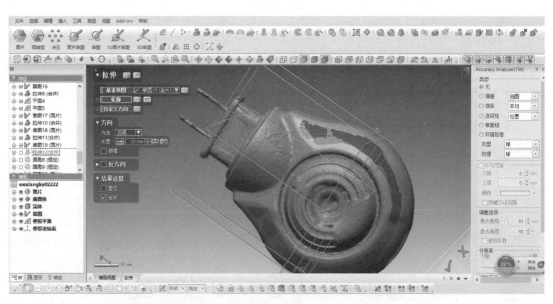

图 5-91
拉伸实体 20

步骤五十三：草图 20，单击"面片草图"按钮，选择平面 2 为基准平面，进入面片草图模式，截取需要的参照线，单击左上角按钮。使用草图工具绘制如图 5-92 所示的草图。单击右下方按钮，退出面片草图模式。

步骤五十四：拉伸 13，单击"拉伸"按钮，进入拉伸模式，选择上述面片草图 20，参数设置如图 5-93 所示，拖动拉伸方向箭头，方向中的方法选择"距离"，长度设置为 14 mm，运算结果选择"剪切"，单击退出拉伸模式。

图 5-92
绘制草图 20

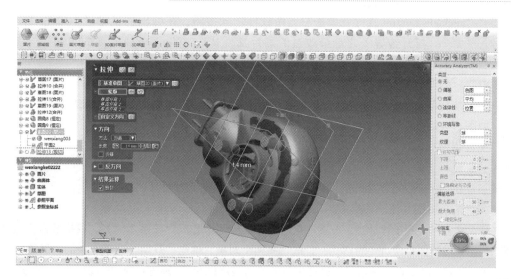

图 5-93
拉伸实体 13

步骤五十五：圆角，单击"圆角"按钮，要素选择"边线"，单击"魔法棒"自动探索圆角半径，同时将右侧分析工具栏中"偏差"选项打开，结合自动探索的半径值与偏差颜色分析，手动将半径值调整，直到误差分析颜色接近绿色为止。单击左上角按钮，退出倒圆角模式。

完成蚊香液外壳逆向建模。

任务 4
蚊香液外壳误差检测分析

视频
蚊香液外壳
检测

任务导引

1. 任务描述

应用 Geomagic Control 软件将逆向建模得到的 CAD 模型和原始点云数据进行误差比对。

2. 任务材料

任务 2 中经过降噪处理的点云数据和任务 3 中逆向建模得到的 CAD 模型。

3. 任务技术要求

两数据模型对齐时不能出现明显错位，平均误差和均方差要在合理范围内，保证最终分析结果的可靠性。

任务实施

1. 打开/导入点云数据文件和 CAD 模型文件并设置属性

步骤一：导入两个数据文件。

打开 Geomagic Control 软件，单击左上角软件功能按钮，在弹出的菜单栏中单击"打开"或"导入"命令，打开或导入之前修改过的面片文件"DianWenXiangKe__Cloud. stl"。导入依据点云数据建立的模型文件"DianWenXiangKe__CAD. stp"。

步骤二：为两数据设置属性。

软件系统将默认点云数据为 TEST 属性，即测试对象；CAD 模型默认为 REF 属性，即参考对象，如图 5-94 所示。

若属性错误或属性不慎被删除，则可右击模型管理器中的点云数据和 CAD 模型，在弹出菜单中分别选择"设置 Test"和"设置 Reference"命令。

注意本例导入的为面片数据，故模型管理器的图标显示为面片。

2. 对齐测试对象和参考对象

由于两个对象没有被移动过，在图形区可以观察到两个数据对象基本对齐，只需要进行微调。故本例采用直接最佳拟合对齐的方式，尝试对齐两个对象。单击"开始"选项卡中的"最佳拟合对齐"命令，在弹出对话框的选项子对话框中勾选"高精度拟合""只进行微调"复选框，如图 5-95 所示，单击"应用"按钮，可以看到测试对象做微小的移动后就对齐了，如图 5-96 所示。

图 5-94
为数据手动设置属性

图 5-95
最佳拟合对齐

如果对象发生了移动就需要依靠建立特征、对齐特征的方法对齐，特征对齐的方法在之前的项目中已经做了介绍。

3. 对测试对象进行 3D 分析

选择"开始"选项卡中的"3D 比较"命令，在弹出的对话框中，单击"应用"按钮，则比较结果以彩色偏差云图的形式显示出来，如图 5-97 所示。

　　偏差最大的位置用红色和蓝色表示，偏差值最小的位置用青色表示，一般偏差数值越大颜色越深，偏置数值越小颜色越浅。可以在左侧对话框的色谱栏中调整最大临界值、最大名义值和颜色段等。最大偏差和标准偏差等重要数值可以在统计栏中查看。

图 5-96
两数据已对齐

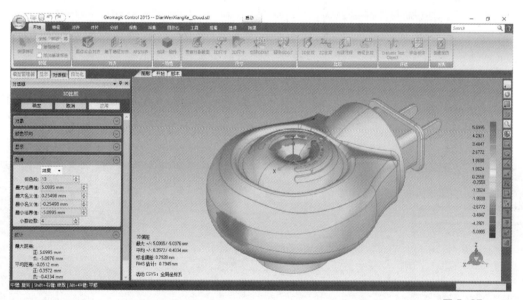

图 5-97
3D 比较的彩色偏差云图

　　通过 3D 比较，可以直观地查看扫描数据的误差大小或逆向建模后的 CAD 模型与原模型的各个对应位置的误差大小。

4. 创建注释

　　要获取点云某位置的误差，选择"开始"选项卡中的"创建注释"命令，单击彩色偏差云图的该位置拖拽一下，就会显示该位置的总偏差和 X、Y、Z 三个方向的偏差，如图 5-98 所示。

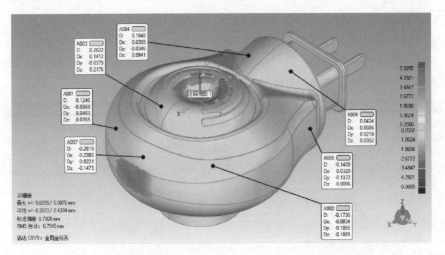

图 5–98
在 3D 彩色偏差云图上添加注释

图 5–99
模型管理树中的注释视图

单击左侧对话框中的"保存"按钮，保存的注释及视图就会保存在模型管理器结果树下的注释视图中，以备查看，如图 5–99 所示。

5. 2D 比较

步骤一：选取截面创建 2D 比较。

选择"开始"选项卡中的"2D 比较"命令，在弹出的对话框中，确定需要测量的截面位置，本例选取与全局坐标系的 XY 平面平行，Z 方向的位置为 –16 mm 的平面，如图 5–100 所示，单击"计算"按钮后得到的截面 2D 彩色偏差图的正视图，如图 5–101 所示，误差较小时可以适当增大缩放比例来更明显的查看误差的分布，最后单击"保存"按钮，本例缩放比例定为 10 倍。

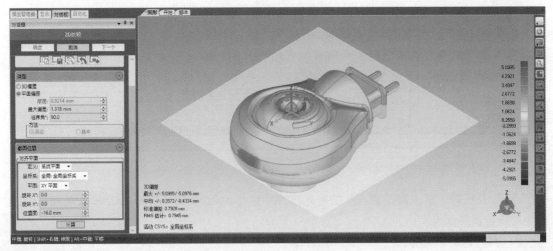

图 5–100
2D 比较——截取平面

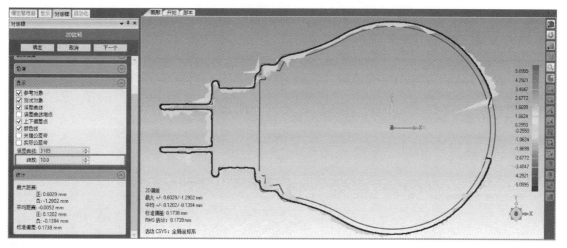

图 5-101
2D 比较彩色偏差图

步骤二：为 2D 比较添加注释。

创建完 2D 比较视图后，也可以在其上添加注释。方法如下：在左侧模型管理器中选择之前创建完成的"2D 比较 1"，右侧工作区就会显示出 2D 彩色偏差图，选择"开始"选项卡的"创建注释"命令，选中需添加注释的位置并拖拽就可以像在 3D 比较视图中一样创建注释，创建完成的视图如图 5-102 所示，在图形区下面一栏显示各位置的详细情况。

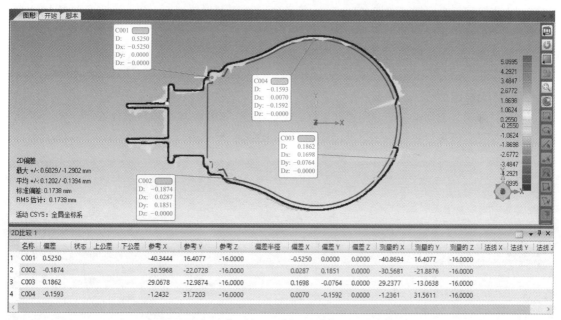

名称	偏差	状态	上公差	下公差	参考 X	参考 Y	参考 Z	偏差半径	偏差 X	偏差 Y	偏差 Z	测量的 X	测量的 Y	测量的 Z	法线 X	法线 Y	法线 Z
1	C001	0.5250				-40.3444	16.4077	-16.0000		-0.5250	0.0000	0.0000	-40.8694	16.4077	-16.0000			
2	C002	-0.1874				-30.5968	-22.0728	-16.0000		0.0287	0.1851	0.0000	-30.5681	-21.8876	-16.0000			
3	C003	0.1862				29.0678	-12.9874	-16.0000		0.1698	-0.0764	0.0000	29.2377	-13.0638	-16.0000			
4	C004	-0.1593				-1.2432	31.7203	-16.0000		0.0070	-0.1592	0.0000	-1.2361	31.5611	-16.0000			

图 5-102
为 2D 比较添加注释

6. 截取横截面并标注尺寸

步骤一：截取横截面。

选择"开始"选项卡中的"贯穿对象截面"命令，在左侧弹出的对话框中选择截面位置，本例选择全局坐标系的 XY 平面，位置度仍然选在-16mm 位置。单击"计算"按钮后就会显示截取的横截面如图 5-103 所示，而后单击"保存"按钮，则在 CAD 模型树和点云模型树中同时产生一个横截面"Section A-A"。

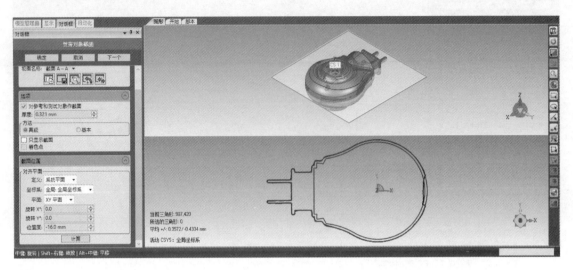

图 5-103
截取横截面

步骤二：标注尺寸。

选择"开始"选项卡中的 2D 尺寸，用于创建 2D 尺寸。模式选择"尺寸"图标，尺寸类型选择"垂直"图标，拾取源选择"TEST"，拾取方法选择"最佳拟合"图标，分别选择插头塑料座上下两处点，可以得到垂直方向轮廓尺寸。在设定上、下公差大小后，若偏差在公差范围内，显示状态一栏显示绿色的"通过"字样，如图 5-104 所示。

用类似的方法还可以创建其他类型的几何尺寸，如点到直线的距离、圆心到直线的距离等。

7. 生成检测报告

选择"报告"选项卡中的"创建报告"命令，勾选"PDF"复选框，就会生产一个 .pdf 格式的报告文件，该报告中包含了之前创建的比较、注释、尺寸等。

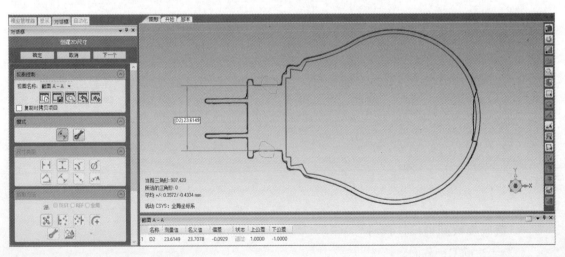

图 5-104
标注截面点云(面片)的线性尺寸

项目6

电子体温计逆向设计及检测

任务 1
电子体温计三维数据采集

任务导引

1. 任务描述

使用扫描仪完成给定电子体温计各面的三维扫描。

2. 任务材料

电子体温计实物。

3. 任务技术要求

高精度完成给定电子体温计各面的三维扫描，保存扫描得到的数据为 .asc 格式的文件或者 .ply 格式的文件。

一、知识准备

观察发现该电子体温计整体结构是一个对称模型，为了更方便、更快捷，使用辅助工具（转盘）来对其进行拼接扫描。辅助扫描能够节省扫描的时间，同时也可以减少贴点的数量。

二、任务实施

步骤一：标定完成后，直接打开软件单击键盘空格进行扫描。单击"T"键打开白光。计算机显示标志点是绿色时，就可以进行扫描，如图 6-1 所示。

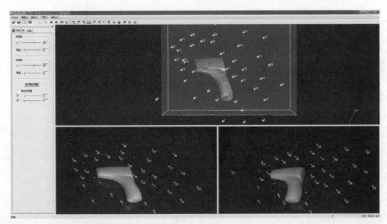

图 6-1
步骤一

步骤二：转动转盘一定角度，必须保证与上一步扫描有公共重合部分，这里说的重合是指绿色标志点重合，即上一步骤和本步骤能够同时看到至少四个标志点（本单目设备为三点拼接，但是建议使用四点拼接），如图 6-2 所示。

步骤三：同步骤二类似，向同一方向继续旋转一定角度扫描，重复操作直至把工件上表面数据扫描完成，因工件对称，下表面不需扫描，如图 6-3 ~ 图 6-6 所示。

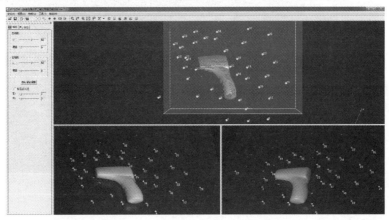

图 6-2
步骤二

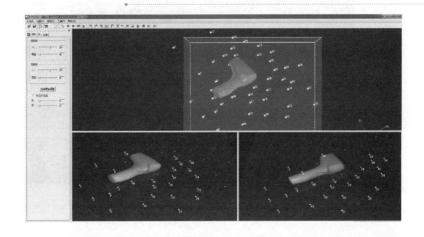

图 6-3
步骤三（1）

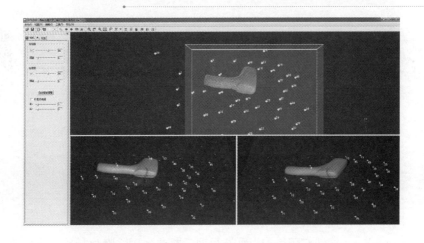

图 6-4
步骤三（2）

到此为止，扫描工作完成。在软件中选择"保存所有点云"命令，将扫描数据另存为 .ply 或者 .acs 格式的文件即可，如图 6-6 所示。

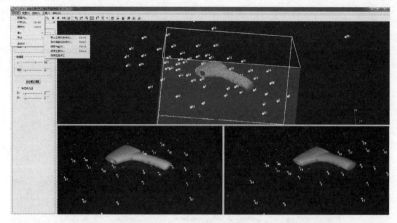

图 6-5
步骤三(3)

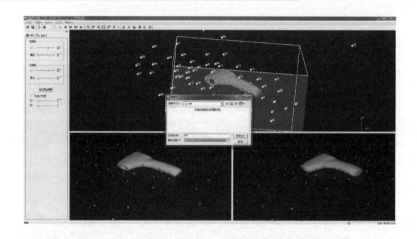

图 6-6
步骤三(4)

任务 2
电子体温计点云数据处理

视频
电子体温计
点云处理

任务导引

1. 任务描述

使用 Geomagic Wrap 软件对获得的点云进行相应取舍，剔除噪点和冗余点。提交经过取舍后的点云电子文档，保存为 .stl 格式的文件。

2. 任务材料

前一个任务保存的 .asc 或者 .ply 格式的文件。

3. 任务技术要求

提交的扫描数据与标准三维模型各面数据进行比对，组成面的点基本齐全（以点足以建立曲面为标准）。

任务实施

1. 点云导入

步骤一：打开扫描保存的"saomiaodztwj. ply"或"saomiaodztwj. asc"文件。启动 Geomagic Wrap（Studio）软件，选择菜单"文件""打开"命令或单击工具栏上的"打开"图标，系统弹出"打开文件"对话框，查找电子体温计数据文件并选中"saomiaodztwj. ply"文件，然后单击"打开"，在工作区显示载体如图 6-7 所示。

步骤二：将点云着色。为了更加清晰、方便地观察点云形状，将点云进行着色。选择菜单栏"点""着色点"命令，着色后的视图如图 6-8 所示。

图 6-7
点云导入

图 6-8
点云着色

步骤三：设置旋转中心。为了更加方便地观察点云，可以进行放大、缩小或旋转，需要设置旋转中心。在操作区域单击鼠标右键，在弹出的快捷菜单中选择"设置旋转中心"命令，在点云适合位置单击即可，如图 6-9 所示。

步骤四：选择非连接项。选择菜单栏"点""选择"命令断开组件连接按钮，在管理面板中弹出"选择非连接项"对话框。在"分隔"的下拉列表中选择"低"分隔方式，系统选择在拐角处离主点云很近但不属于它们一部分的点。"尺寸"为默认值 5.0 mm，单击上方的"确定"按钮。点云中的非连接项被选中，并呈现红色，如图 6-10 所示。选择菜单"点""删除"或按下"Delete"键可删除这些选中的点。

步骤五：去除体外孤点。选择菜单栏"点""选择""体外孤点"命令，在管理面板中弹出"选择体外孤点"对话框，设置"敏感性"的参数值为 100，也可以通过单击右侧的两个三角形按钮增加或减少"敏感性"的值。此时体外孤点被选中，呈现红色，如图 6-11 所示。选择菜单栏"点""删除"命令或按下"Delete"键可删除选中的点。

步骤六：删除非连接点云。选择工具栏中的"选择工具"命令，配合工具栏中的按钮一起使用，将非连接点云删除，如图 6-12 所示。

图 6-9
设置旋转中心

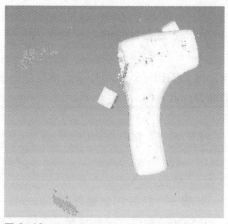

图 6-10
选择非连接项

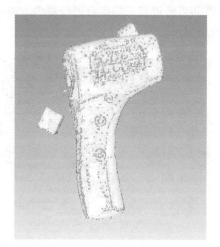

图 6-11
去除体外孤点

图 6-12
删除非连接点云

步骤七：减少噪音。选择菜单栏"点""减少噪音"命令，在管理面板中弹出"减少噪音"对话框，如图 6-13 所示，将"棱柱形（积极）"的"平滑度水平"滑标滑到无。送代为 5，偏差限制为 0.05。

步骤八：封装数据。选择菜单栏"点""封装"命令，弹出"封装"对话框，该命令将围绕点云进行封装计算，使点云数据转换为多边形模型，如图 6-14 所示。

2. 多边形修补

步骤一：删除钉状物。选择菜单栏"多边形""删除钉状物"命令，在模型面板中弹出"删除钉状物"对话框，如图 6-15 所示，"平滑级别"选择中间位置，单击"应用"按钮。

步骤二：填充孔。选择菜单栏"多边形""全部填充"命令，在模型面板中弹出"全部填充"对话框，可以根据孔的类型搭配选择不同的方法进行填充，如图 6-16 所示。

步骤三：去除特征。该命令用于删除模型中不规则的三角形区域，并且插入一个更有秩序且与周边三角形连接更好的多边形网格。但必须先用手动选择的方式选择需要去除特征的区域，然后选择"多边形""去除特征"命令。点云文件最终处理效果如图 6-17 所示。

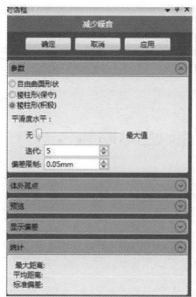

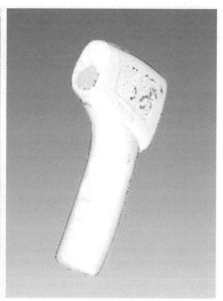

图 6-13
减少噪音

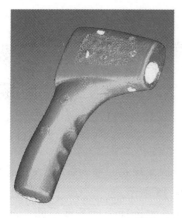

图 6-14
封装数据

图 6-15
删除钉状物

图 6-16
填充孔

图 6-17
点云文件最终处理效果

3. 数据保存

文件另存为"saomiaodztwj. stl"文件。

任务3 电子体温计三维逆向建模

任务导引

1. 任务描述

使用 Design-X 软件，完成电子体温计的外观三维建模。

2. 任务材料

任务 2 得到的 . stl 格式的文件。

3. 任务技术要求

面的建模质量好，合理拆分曲面，面与面之间拟合度高，平均误差小于 0.1 mm，不能整体拟合。

任务实施

1. 创建坐标系

步骤一：导入处理完成的"saomiaodztwj. stl"文件。选择菜单栏"插入""导入"命令，选择"saomiaodztwj. stl"文件，单击"仅导入"按钮，如图 6-18 所示。

步骤二：单击"平面"命令，方法选择"提取多个点"，选择手柄下端平面，选择 3 个点，创建一个平面 1 并在平面 1 上绘制草图 1，如图 6-19 所示。

步骤三：调整电子体温计位置，单击"平面"命令，在中间位置绘制直线创建参照平面 2、3，如图 6-20 所示。

步骤四：单击"平面""镜像"命令，如图 6-21 所示。然后选择平面 1 和所有点云数据，如图 6-22 所示，得到的平面 3 为中间对称平面，如图 6-23 所示。

单击"平面"命令，选择电子体温计平面三个点绘制平面 4，如图 6-24 所示。

步骤五：建立坐标系。单击"手动对齐"按钮，选择点云模型，取消"用世界坐标系原点预先对齐"，选择"下一阶段"，移动方法选择"X-Y-Z"，位置选项选择体温计底面圆的圆心，*X* 轴选择"平面 2"，*Z* 轴选择"平面 3"。如图 6-25 所示，为参数设置选项，单击"确定"按钮，退出手动对齐模式，坐标系创建完成，如图 6-26 所示(用于辅助建立坐标系的参照平面 1 及草图 1 在建立坐标系之后可隐藏或删除)。

图 6-18
导入数据

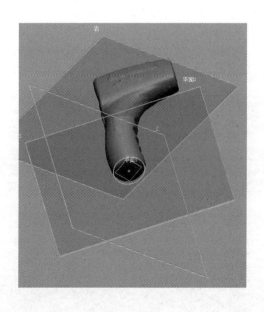

图 6-19
创建参照平面 1

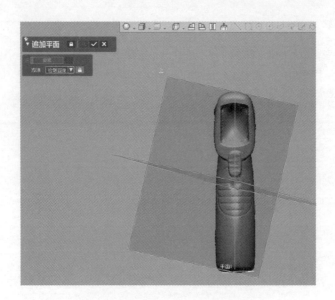

图 6-20
创建参照平面 2、3

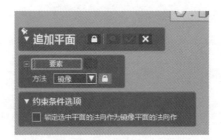

图 6-21
截取外轮廓圆

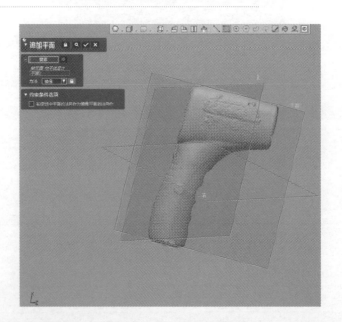

图 6-22
绘制椭圆

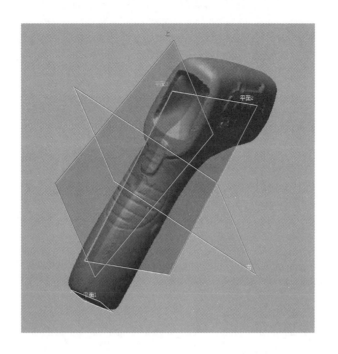

图 6-23
取得圆心

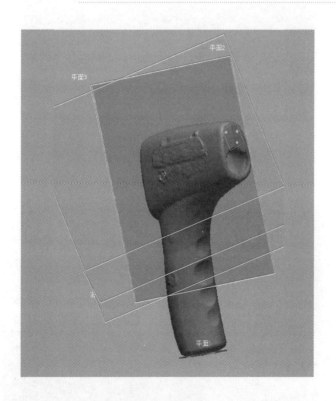

图 6-24
设置参照平面 4

2. 三维建模

步骤一：单击"领域组"按钮，取消选中"自动领域分割"复选框，选择"画笔"工具，如图 6-27 ~ 图 6-29 所示。

图 6–25
坐标系设置 1

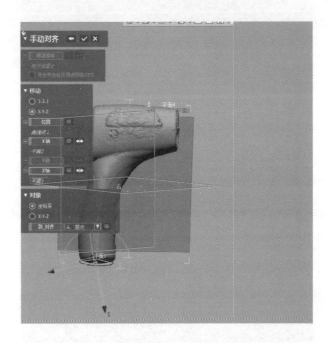

图 6–26
坐标系设置 2

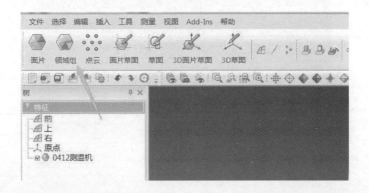

图 6–27
单击领域组

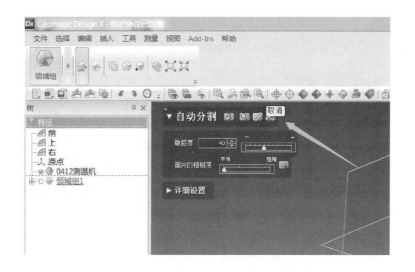

图 6-28
取消自动分割

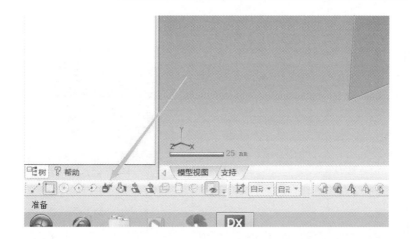

图 6-29
选择画笔

步骤二：用"画笔"工具手动在面片上做痕迹，单击"插入领域"按钮，生成领域其他三面重复以上步骤插入领域，如图6-30~图6-34所示。

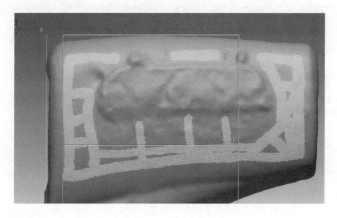

图 6-30
手动做痕迹 1

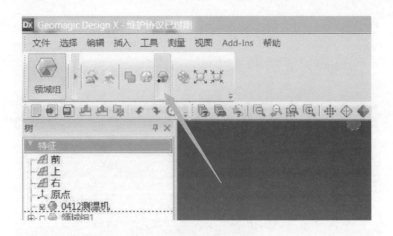

图 6-31
插入领域

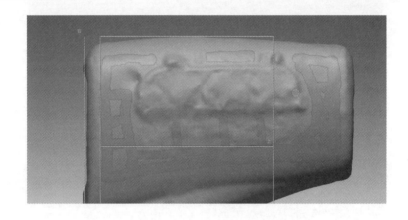

图 6-32
手动做痕迹 2

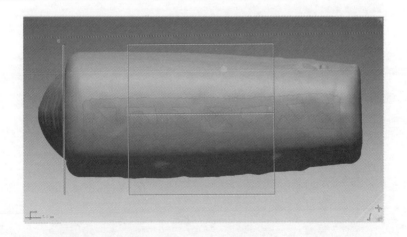

图 6-33
手动做痕迹 3

步骤三：单击"面片拟合"按钮，如图 6-35 所示。

步骤四：选择"许可公差"选项，单击"确定"按钮，生成曲面，如图 6-36、图 6-37
所示。

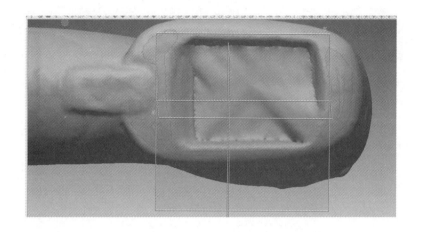

图 6-34
手动做痕迹 4

图 6-35
面片拟合

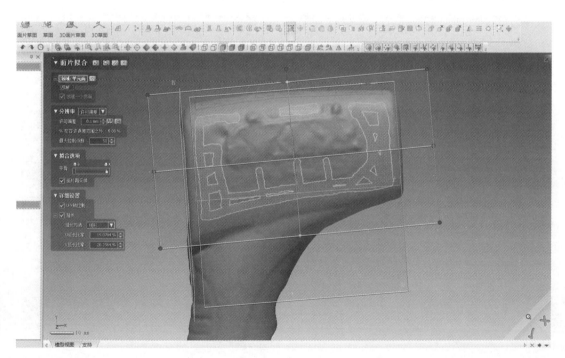

图 6-36
选择面片 1

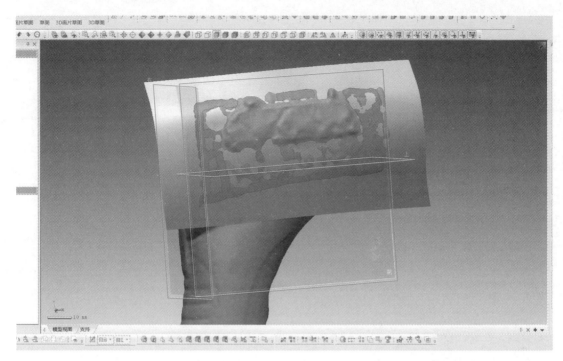

图 6-37
绘制曲面 1

步骤五：重复上一步骤，拟合其他三个领域的曲面，效果如图 6-38 ~ 图 6-39 所示。打开右侧面板的体偏差，对比偏差是否在允许范围内，图中绿色部分较多。

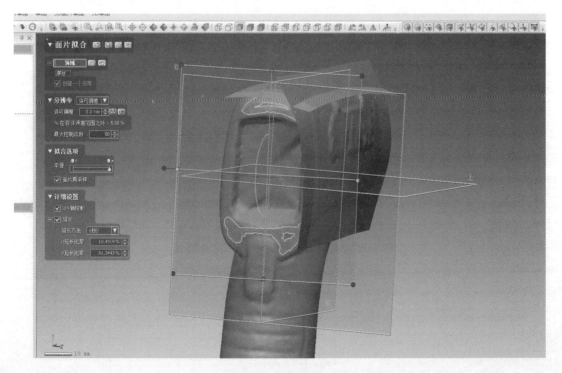

图 6-38
绘制曲面 2

图 6-39
绘制曲面 3

步骤六：单击"延长"按钮，如图 6-40 所示，选择图示边线，延长曲面。

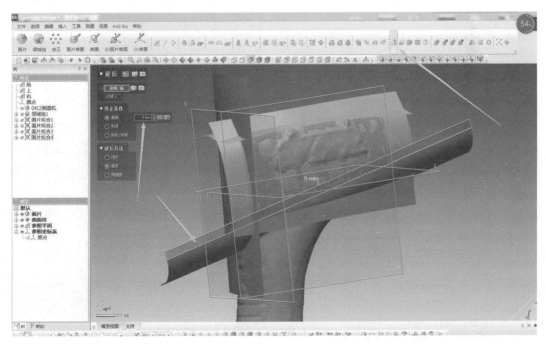

图 6-40
延长曲面

步骤七：单击"隐藏面片"按钮，如图 6-41 所示，可以隐藏部分建立的模型。

图 6-41
隐藏面片

步骤八：单击"剪切"按钮，如图 6-42 所示，选择剪切工具和剪切对象，如图 6-43、图 6-44 所示。

图 6-42
剪切曲面

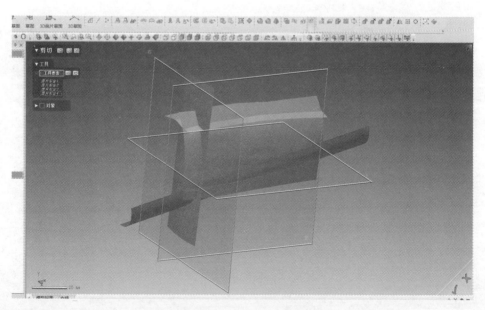

图 6-43
选择剪切工具

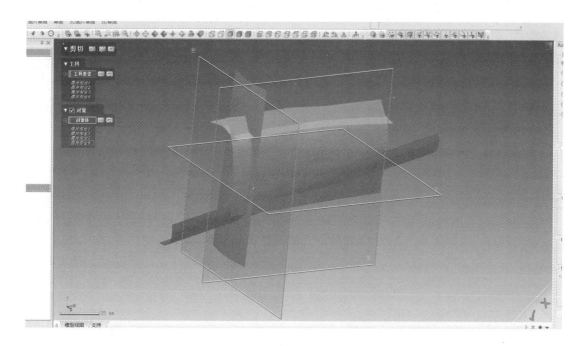

图 6-44
选择剪切对象

步骤九：单击"下一步"按钮，选择如图 6-45、图 6-46 所示残留体，单击"确定"按钮。

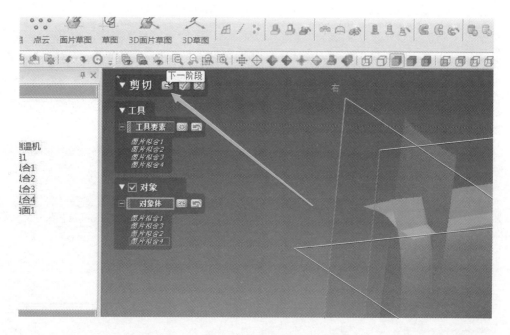

图 6-45
下一阶段

步骤十：单击"面片草图"按钮，选择"前平面"为基准平面，进入面片草图模式，截取需要的参照线，单击左上角"确定"按钮。使用草图工具绘制草图。单击右下方"确定"按钮，退出面片草图模式，如图 6-47 所示。

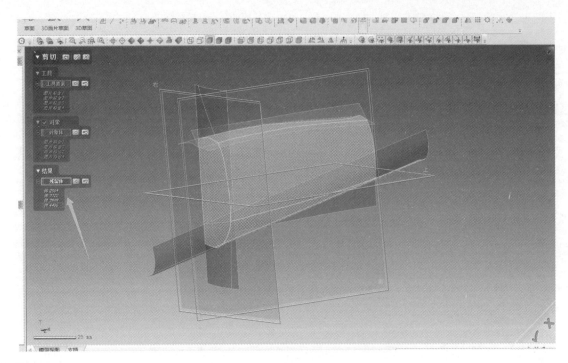

图 6-46
选择残留体

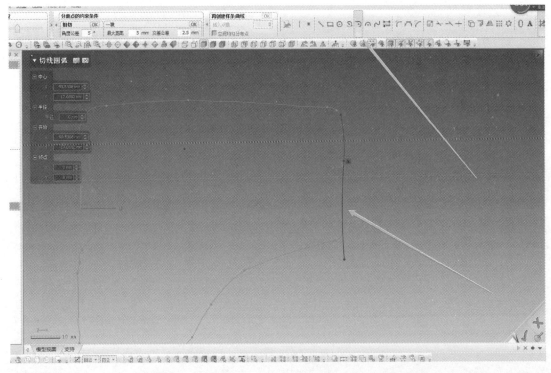

图 6-47
绘制草图 1

步骤十一：单击"拉伸"按钮，进入拉伸实体模式，选择上述面片草图，拉伸方法为"距离"，长度超出表面即可，单击"退出拉伸实体模式""延长"按钮，如图 6-48 所示延长曲面。

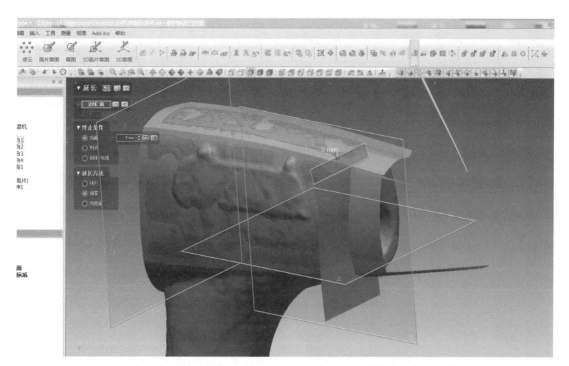

图 6–48
延长曲面 1

步骤十二：单击"修剪"按钮，如图 6–49、图 6–50 所示修剪曲面。

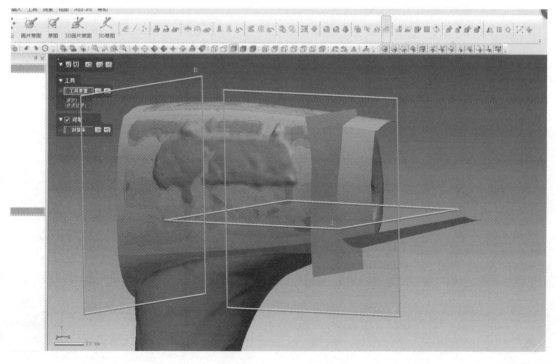

图 6–49
曲面修剪命令

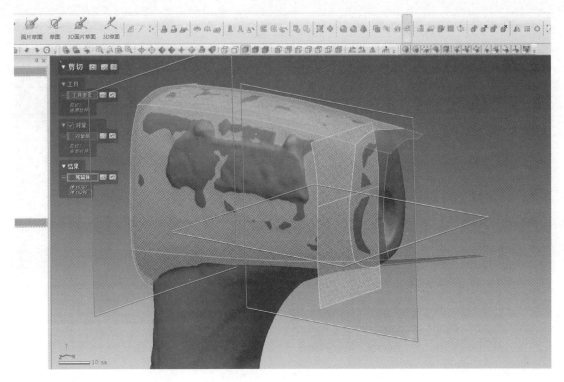

图 6-50
修剪曲面 1

步骤十三：单击"偏差预览"按钮，确认偏差范围是否都在要求范围内，如图 6-51 所示。如果不在要求范围内，就需要对其进行调整。

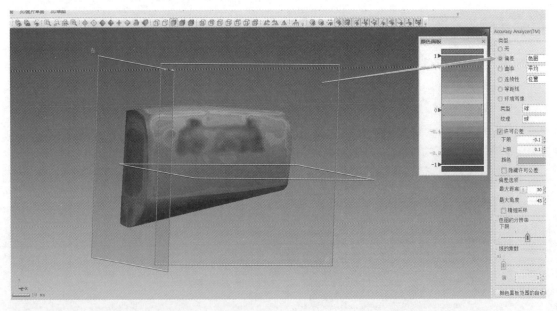

图 6-51
偏差预览

步骤十四：单击"圆角"按钮，选择需要倒圆角的边线，单击"圆角估算"按钮，倒圆角处接近绿色属于正常偏差，单击"确定"按钮。使用同样方法将其他三边倒圆角，如图 6-52 所示。

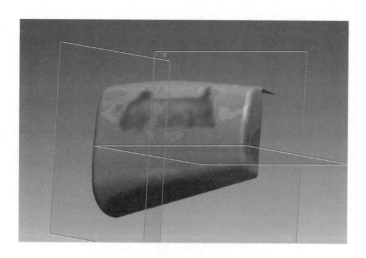

图 6-52
倒圆角

步骤十五：选择"剪切"命令，用前平面作为具体修剪曲面，效果如图 6-53 所示。

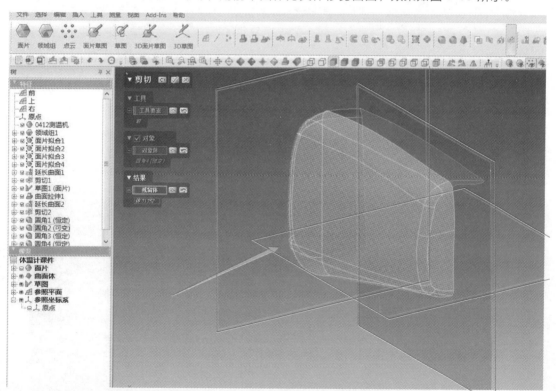

图 6-53
修剪曲面

步骤十六：单击"显示面片""3d 草图""样条曲线"按钮，在面片上做草图，如图 6-54 所示。

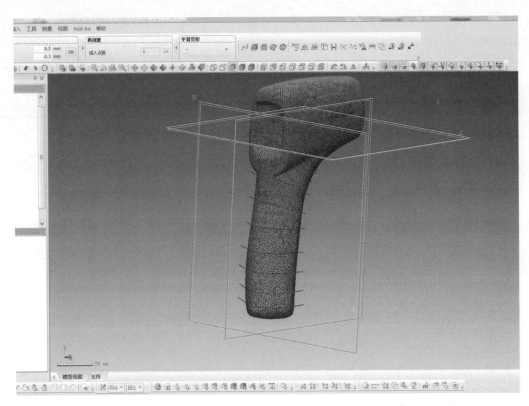

图 6-54
绘制草图 2

步骤十七：选择隐藏面片，单击"放样"按钮，如图 6-55 所示，选择轮廓曲线，选择完成生成曲面，单击左上角"确定"按钮，退出放样曲面模式。

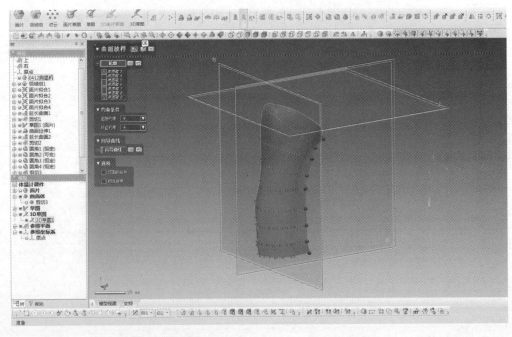

图 6-55
放样曲面 2

步骤十八：隐藏曲面体，显示面片，单击"草图"按钮，选择前平面作为草图平面。单击"样条曲线"按钮，做草图，如图 6-56 所示。

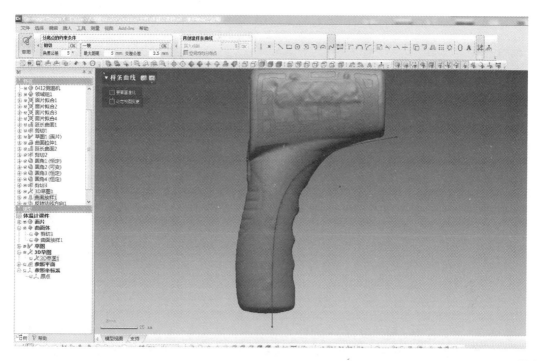

图 6-56
绘制草图 3

步骤十九：单击"曲面拉伸"按钮，生成曲面，并与前面的曲面进行修剪，如图 6-57 所示。

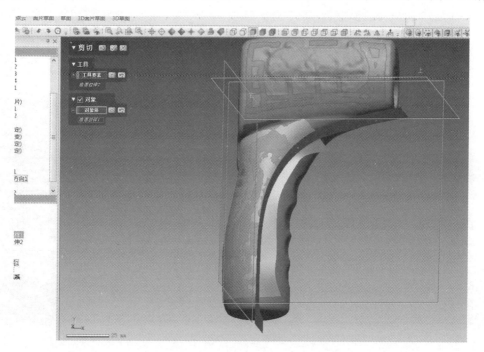

图 6-57
拉伸修剪曲面 3

步骤二十：插入新领域组，用画笔做痕迹，如图 6-58 所示。单击"插入领域"按钮，生成领域。

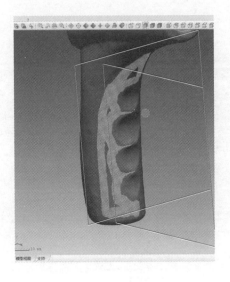

图 6-58
做痕迹

步骤二十一：单击"面片拟合"按钮，选择手柄上如图 6-59 所示领域，分辨率选择"许可偏差"，将"平滑"拖至中间位置，选择"延长选择"，手动调整大小，单击左上角"确定"按钮。

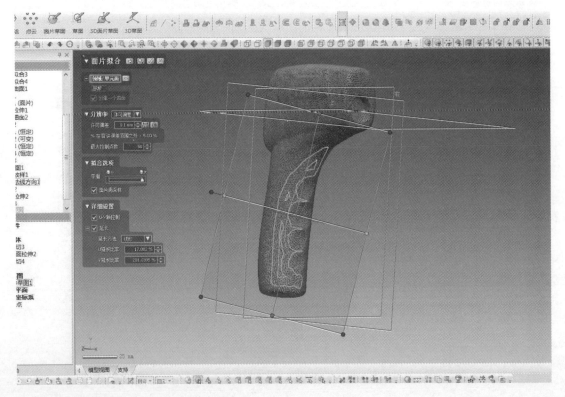

图 6-59
面片拟合

步骤二十二：修剪曲面，如图 6-60 ~ 图 6-64 所示。

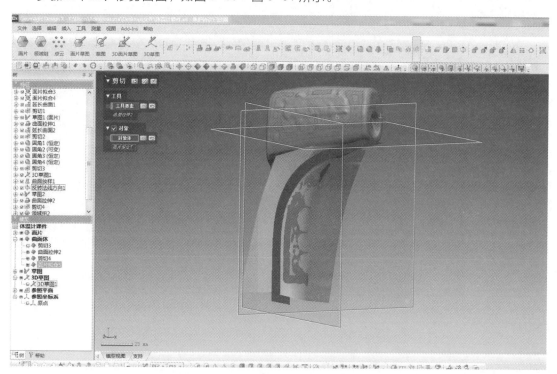

图 6-60
修剪曲面 1

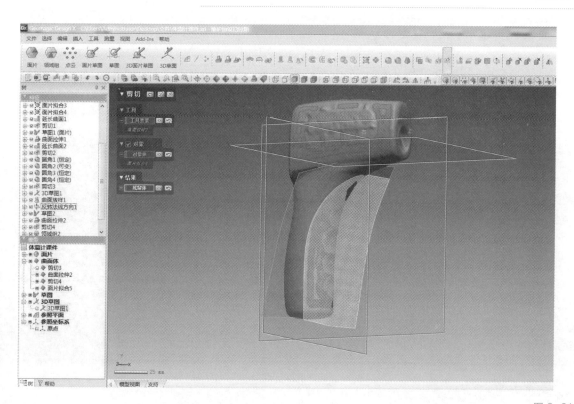

图 6-61
修剪曲面 2

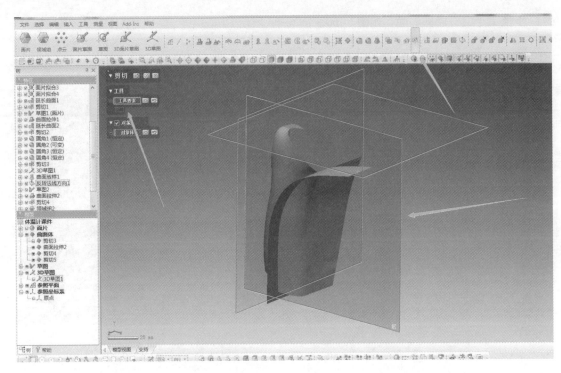

图 6-62
修剪曲面 3

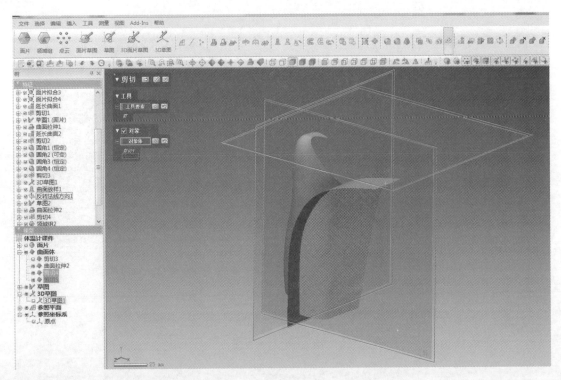

图 6-63
修剪曲面 4

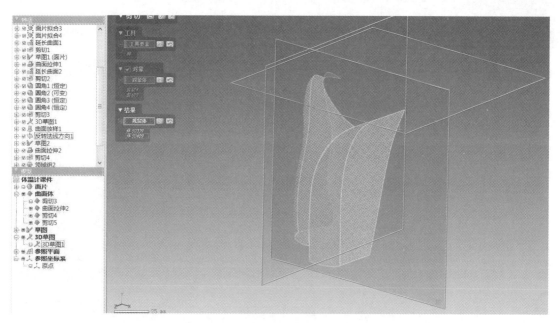

图 6–64
修剪曲面 5

步骤二十三：单击"延长"按钮，延长两条边线，如图 6-65 所示。

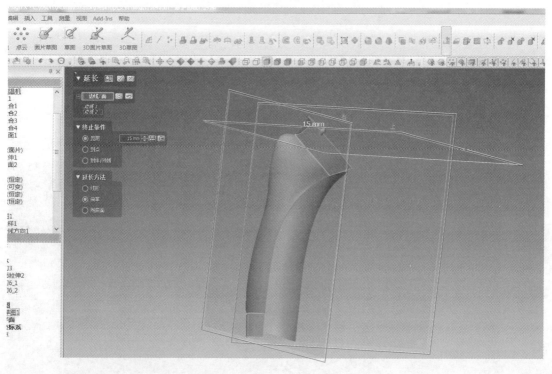

图 6–65
延长边线

步骤二十四：继续修剪曲面，如图 6-66 所示。

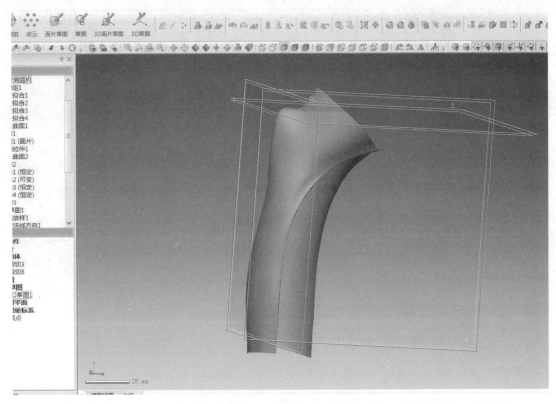

图 6-66
修剪曲面 6

步骤二十五：单击"草图"按钮，使用前平面作为草图平面做草图，如图 6-67 所示。

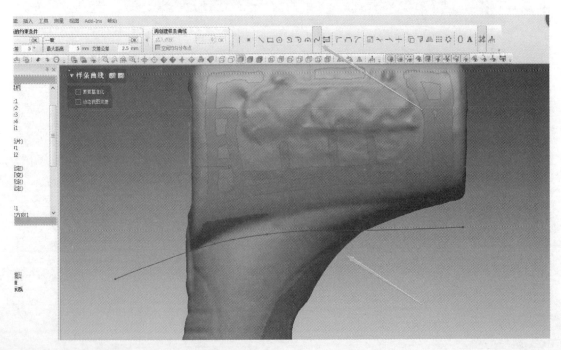

图 6-67
绘制草图 4

步骤二十六：单击"曲面拉伸"按钮，如图6-68所示，生成曲面。

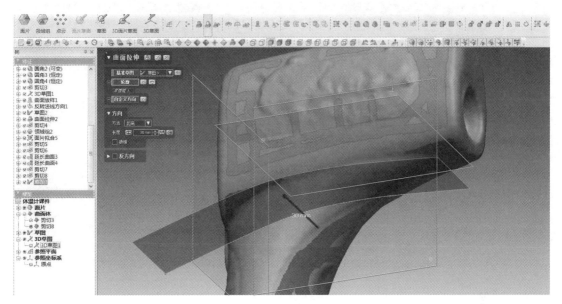

图6-68
拉伸实体4

步骤二十七：单击"剪切"按钮修剪曲面，如图6-69、图6-70所示。

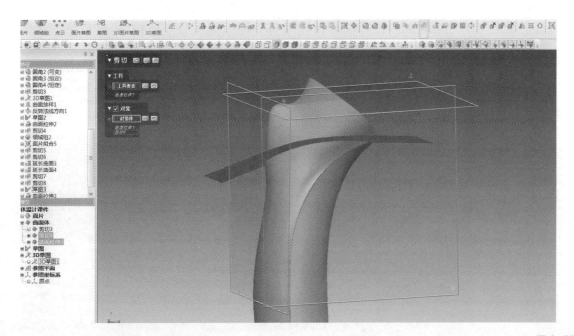

图6-69
修剪曲面7

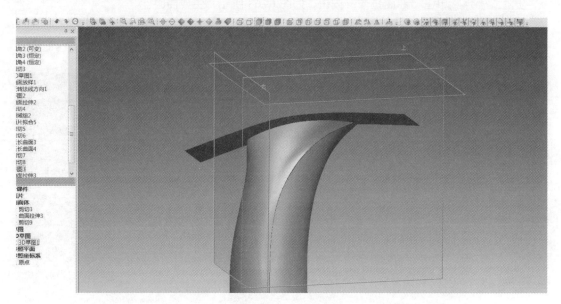

图 6-70
修剪曲面 8

步骤二十八：单击"插入领域组"按钮，插入新领域，拟合曲面，修剪得到如图 6-71 所示的手柄底面。

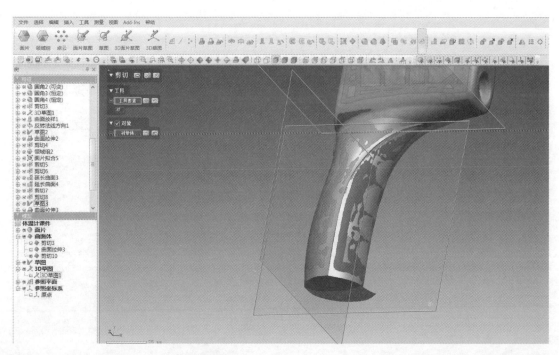

图 6-71
手柄底面

步骤二十九：选择圆角工具，选择需要倒圆角的边线生成圆角，如图 6-72 所示。

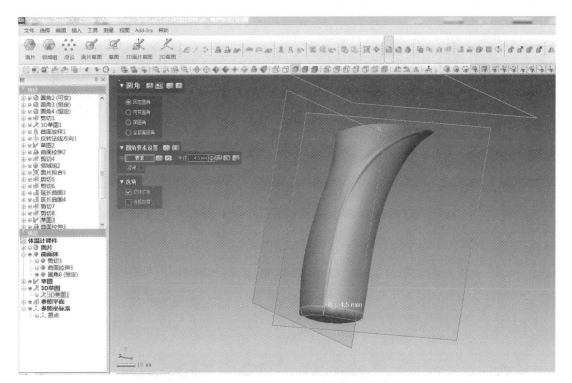

图 6-72
倒圆角

步骤三十：单击"3d草图"按钮，选择"显示面片"，在面片轮廓上用样条曲线命令做草图，如图6-73所示。

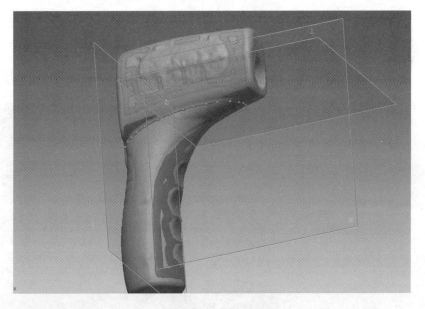

图 6-73
绘制草图 5

步骤三十一：单击"放样"按钮，轮廓线选择"草图轮廓线"和曲面体的边线，生成放样曲面，如图6-74所示。选择反转法线方向，如图6-75所示，选择放样曲面，选择曲面。

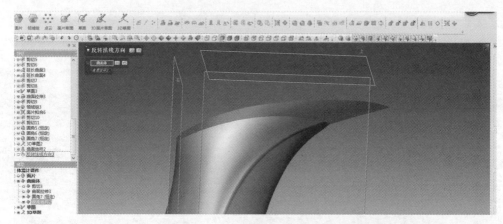

图 6-74
生成放样曲面

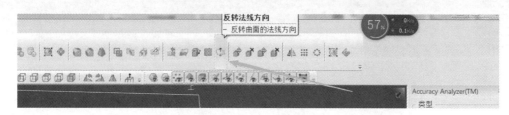

图 6-75
放样操作界面

步骤三十二：单击"剪切"按钮，以前平面作为工具对象，修剪曲面，效果如图 6-76、图 6-77 所示。

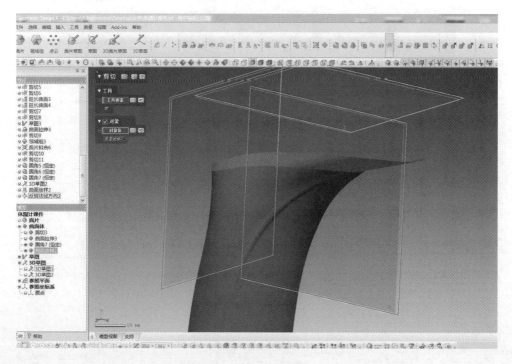

图 6-76
修剪曲面

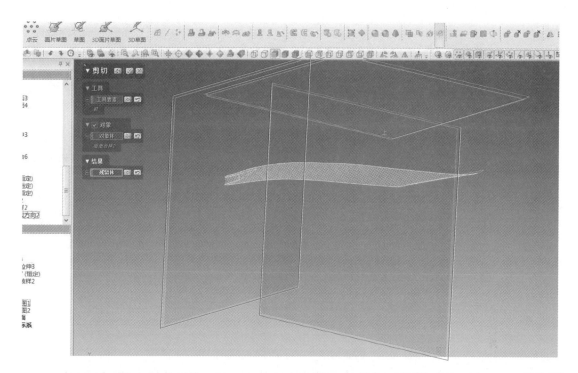

图 6-77
得到修剪曲面

步骤三十三：单击"缝合"按钮，选择需要缝合的曲面，如图 6-78 所示。

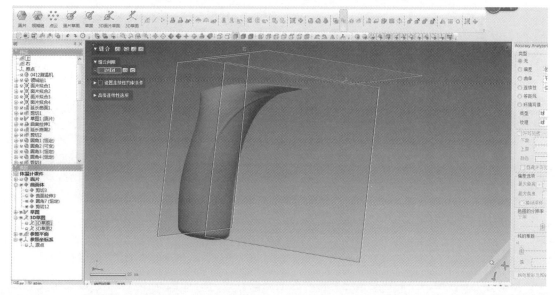

图 6-78
缝合曲面

步骤三十四：单击"延长"按钮，选择需要延长的边线，延长曲面。如图 6-79、图 6-80 所示。

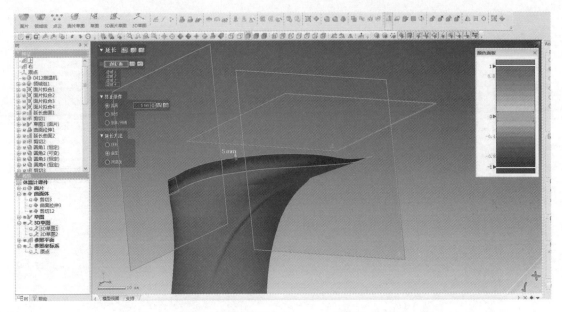

图 6-79
延长曲面设置

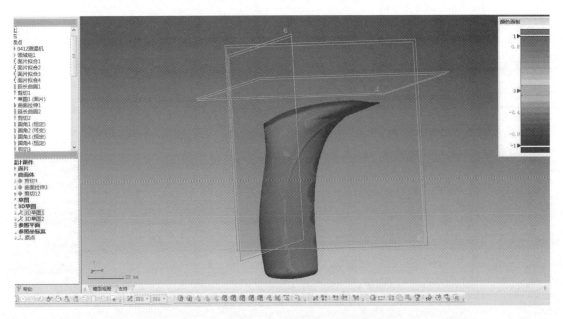

图 6-80
延长曲面

　　步骤三十五：单击"剪切"按钮，将两曲面修剪并合并，如图 6-81 所示。检测精度，如图 6-82 所示。

　　步骤三十六：单击"草图"按钮，选择右平面作为草图平面，勾选完成草图。单击"拉伸实体"按钮，生成曲面如图 6-83 所示。单击"剪切"按钮，如图 6-84 所示，修剪曲面并合并，生成实体。

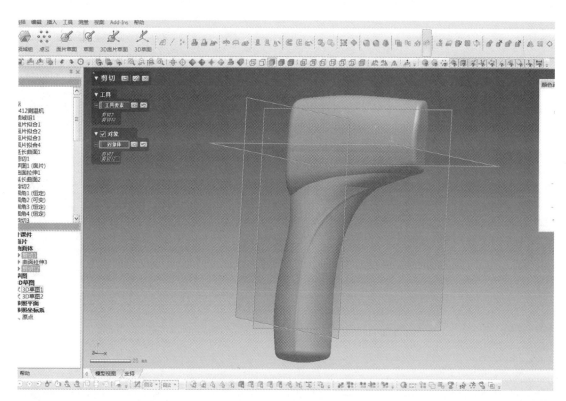

图 6-81
修剪合并曲面

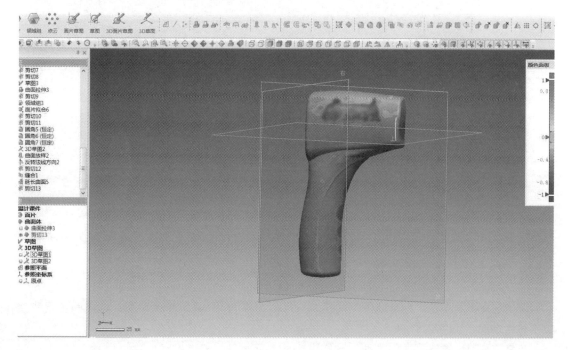

图 6-82
检测精度

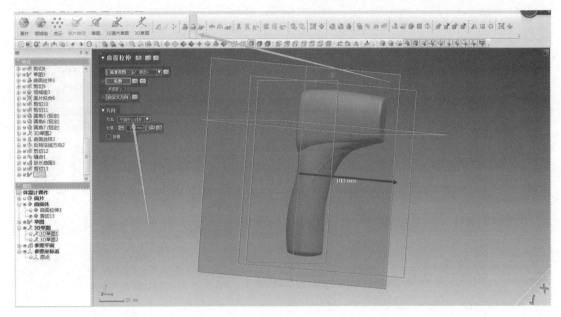

图 6-83
拉伸实体

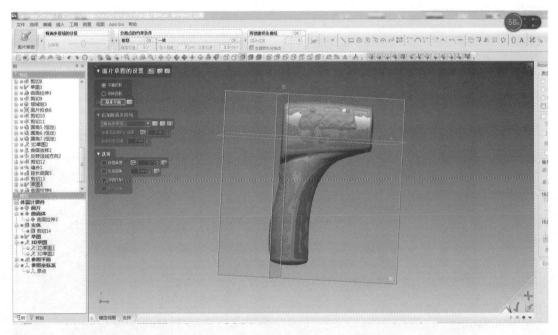

图 6-84
修剪合并曲面

步骤三十七：单击"面片草图"按钮，选择"前平面"，截取面片草图，选择圆工具和修剪工具做草图，如图 6-85 所示。

步骤三十八：单击"曲面拉伸"按钮，生成曲面，选择修剪实体，并导圆角，如图 6-86 所示。

步骤三十九：单击"草图"按钮，用样条曲线和直线工具做草图，如图 6-87 所示。

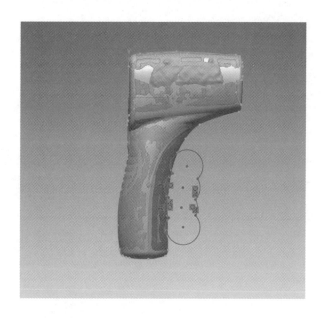

图 6-85
绘制草图 6

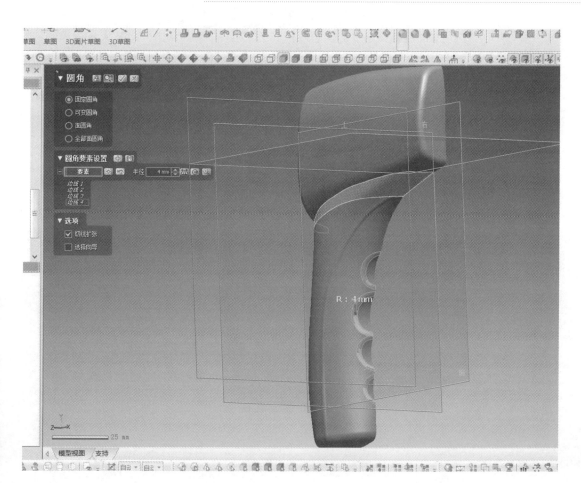

图 6-86
拉伸实体 6

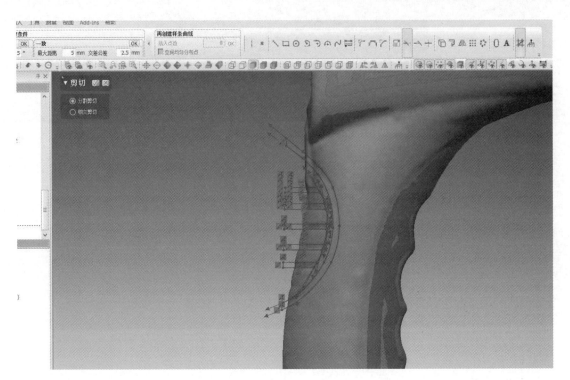

图 6-87
绘制草图 7

步骤四十：单击"拉伸"按钮，取消选中"合并"复选框，完成实体拉伸，如图 6-88 所示。

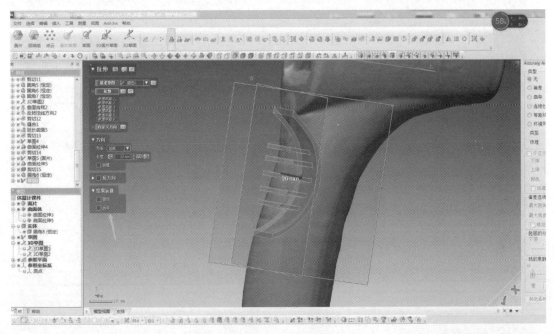

图 6-88
拉伸实体 7

步骤四十一：单击"曲面偏移"按钮，选择如图 6-89 所示一面，向内侧偏移 1 mm，勾选完成。

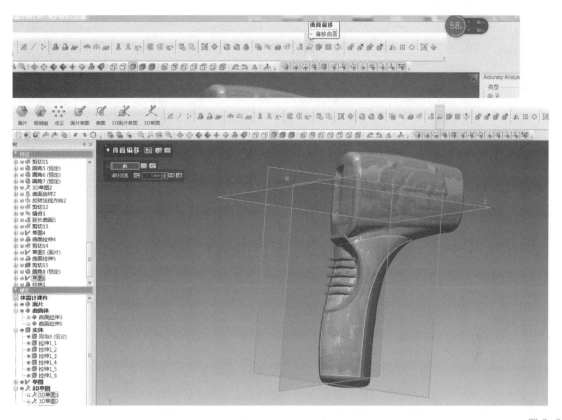

图 6-89
偏移曲面 7

步骤四十二：单击"修剪实体"按钮，选择"偏移曲面"，效果如图 6-90 所示。

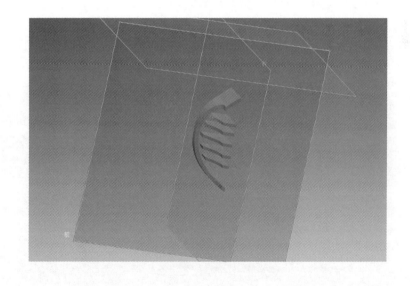

图 6-90
修剪曲面

步骤四十三：单击"布尔运算"按钮，选择"求差"，选择"拉伸实体"，效果如图 6-91 所示。

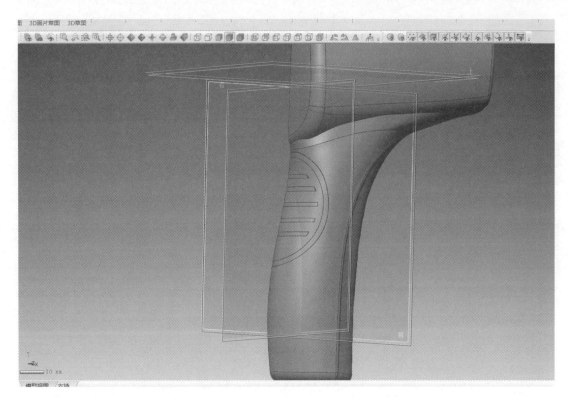

图 6-91
拉伸实体

步骤四十四：单击"镜像"按钮，前平面作为中心平面，镜像实体，如图 6-92 所示。

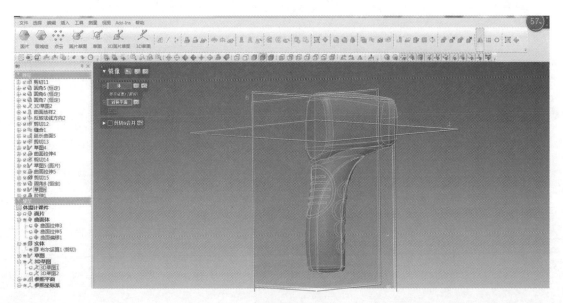

图 6-92
镜像实体

步骤四十五：单击"布尔运算"按钮，合并两个实体，如图 6-93 所示。

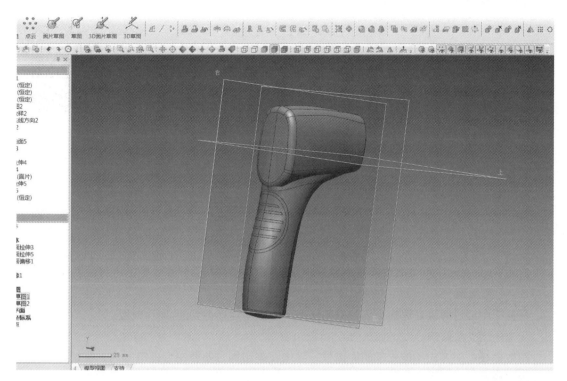

图 6-93
合并实体

步骤四十六：依照同上方法，做出按钮和开关位置，最终结果如图 6-94 所示。

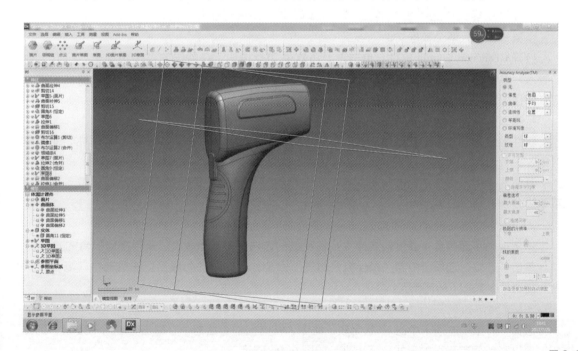

图 6-94
完成建模

任务 4
电子体温计误差检测分析

视频
电子体温计
检测

任务导引

1. 任务描述

应用 Geomagic Control 软件将逆向建模得到的 CAD 模型和原始点云数据进行误差比对。

2. 任务材料

任务 2 中经过降噪处理的点云数据和任务 3 中逆向建模得到的 CAD 模型。

3. 任务技术要求

两数据模型对齐时不能出现明显错位，平均误差和均方差要在合理范围内，保证最终分析结果的可靠性。

任务实施

1. 打开/导入点云数据文件和 CAD 模型文件并设置属性

步骤一：导入两个数据文件。

打开 Geomagic Control 软件，单击左上角软件功能按钮，在弹出的菜单中单击"打开"或"导入"命令，打开或导入之前修改过的点云文件"Elec_Tem_Cloud. stl"。导入依据点云数据建立的模型文件"Elec_Tem_CAD. stp"。

步骤二：设置两数据的属性。

软件系统将默认点云数据为 TEST 属性，即测试对象；CAD 模型默认为 REF 属性，即参考对象。

若属性错误或属性不慎被删除，则可右击模型管理器中的点云数据和 CAD 模型，在弹出菜单中分别选择"设置 Test"和"设置 Reference"命令。

2. 对齐测试对象和参考对象

本例规则平面较少，通过对齐建立几何特征的方法误差会比较大，采用最佳拟合的方法。

单击"开始"选项卡中的"最佳拟合对齐"命令，自动对齐两数据。注意选中"高精度拟合"复选框，如图 6-95 所示。

3. 对测试对象进行 3D 分析

选择"开始"选项卡中的"3D 比较"命令，在弹出的对话框中，单击"应用"按钮，则比较结果以彩色偏差云图的形式显示出来，如图 6-96 所示。

偏差最大的位置用红色和蓝色表示，偏差值最小的位置用青色表示，一般偏差数值越大颜色越深，偏置数值越小颜色越浅。可以在左侧对话框的色谱栏中调整最大临界值、最大名义值和颜色段等。最大偏差和标准偏差等重要数值可以在统计栏中查看。

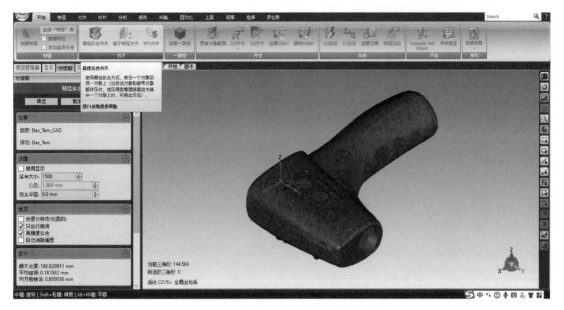

图 6-95
直接最佳拟合的方式对齐两份数据

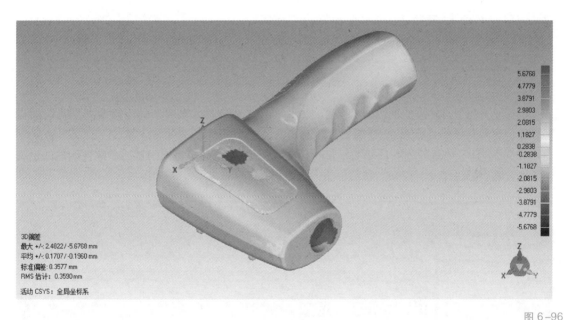

图 6-96
3D 彩色云图

通过 3D 比较，可以直观地查看扫描数据的误差大小或逆向建模后的 CAD 模型与原模型的各个对应位置的误差大小。

4. 创建注释

要获取点云某位置的误差，选择"开始"选项卡中的"创建注释"命令，单击彩色偏差云图的该位置拖动一下，就会显示该位置的总偏差和 X、Y、Z 三个方向的偏差，如图 6-97 所示。

单击左侧对话框中的"保存"按钮，保存的注释及视图就会保存在模型管理器结果树下的注释视图中，以备查看。

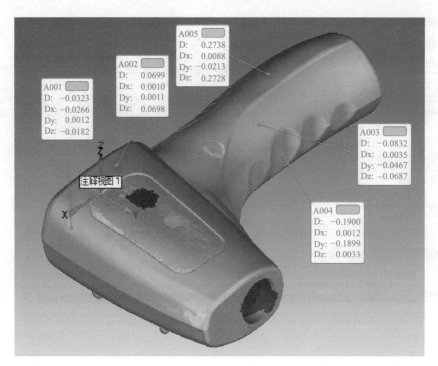

图 6-97
3D 云图上添加注释

5. 2D 比较

步骤一：选择截面创建 2D 比较。

选择"开始"选项卡中的"2D 比较"命令，在弹出的对话框中，确定需要测量的截面位置，本例选取与全局坐标系的 XY 平面平行，Z 方向的位置为 0 的平面，单击"计算"按钮后得到的截面 2D 彩色偏差图的正视图，如图 6-98 所示，可以适当增大缩放比例来更明显的查看误差的分布，最后单击"保存"按钮。

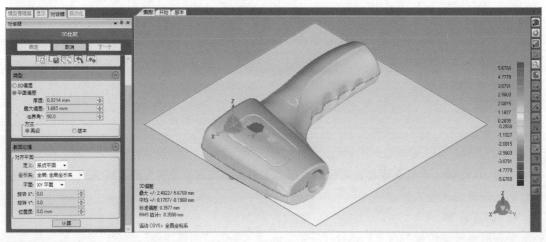

图 6-98
2D 比较——截取平面

步骤二：为 2D 比较添加注释。

创建完 2D 比较视图后，也可以在其上添加注释。方法如下：在左侧模型管理器中单击之前创建完成的"2D 比较 1"，右侧工作区就会显示出 2D 彩色偏差图，选择"开始"选项卡的"创建注释"命令，选中需添加注释的位置并拖拽就可以像在 3D 比较视图中一样创建注释，创建完成的视图如图 6-99 所示。

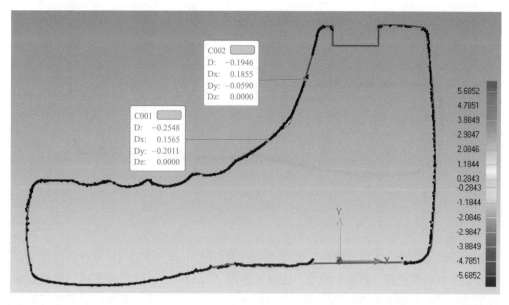

图 6-99
2D 比较彩色偏差图

6. 截取横截面并标注尺寸

步骤一：截取横截面。

选择"开始"选项卡中的"贯穿对象截面"命令，在左侧弹出的对话框中选择截面位置，本例选择全局坐标系的 XY 平面。单击"计算"按钮后就会显示截取的横截面，如图 6-100 所示，而后单击"保存"按钮，则在 CAD 模型树和点云模型树中同时产生一个横截面"Section A-A"。

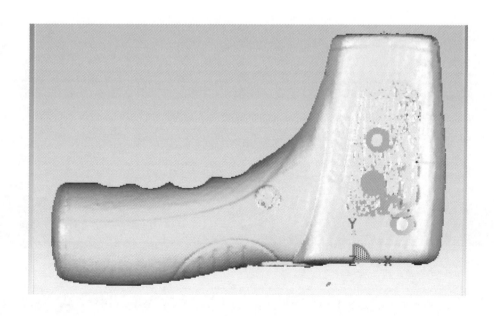

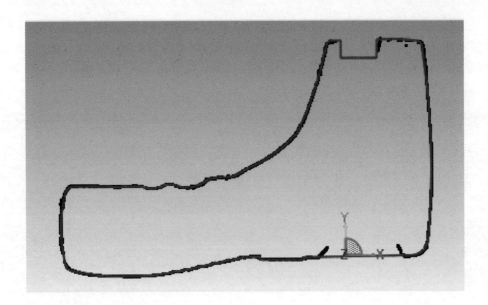

图 6–100
截取横截面

　　步骤二：标注尺寸。选择"开始"选项卡中的 2D 尺寸，用于创建 2D 尺寸。模式选择"尺寸"图标，尺寸类型选择"垂直"图标，拾取源选择"TEST"，拾取方法选择"最佳拟合"图标，分别选择喷嘴后端上下两处点，可以得到喷嘴后端的直径尺寸。用类似的方法还可以创建其他类型的几何尺寸。

　　7. 生成检测报告

　　选择"报告"选项卡中的"创建报告"命令，勾选"PDF"复选框，就会生成一个 .pdf 格式的报告文件，该报告中包含了之前创建的比较、注释、尺寸等。

参考文献

[1] 王永信,邱志惠.逆向工程及检测技术与应用[M].陕西:西安交通大学出版社,2014.

[2] 冯超超,成思源,杨雪荣,等.基于 Geomagic Design-X 的正逆向混合建模[J].机床与液压,2017(17).

[3] 张德海.三维数字化建模与逆向工程[M].北京:北京大学出版社,2016.